软装严选

YANXUAN

为设计师严选的产品库

朱小斌 潘映烁 郑砚秋 编著

華中科技大學出版社
http://www.hustp.com

图书在版编目(CIP)数据

软装严选 / 潘映烁, 朱小斌, 郑砚秋 编著. --武汉 : 华中科技大学出版社, 2018.5
ISBN 978-7-5680-4185-0

Ⅰ. ①软… Ⅱ. ①潘… ②朱… ③郑… Ⅲ. ①室内装饰设计 Ⅳ. ①TU238.2

中国版本图书馆CIP数据核字(2018)第097475号

软装严选
RUANZHUANG YANXUAN
潘映烁 朱小斌 郑砚秋 编著

出版发行：华中科技大学出版社（中国·武汉）
武汉市东湖新技术开发区华工科技园
电话：（027）81321913
邮编：430223
出 版 人：阮海洪

责任编辑：杨 森
责任监印：秦 英
责任校对：吕梦瑶
装帧设计：郑砚秋

印 刷：如皋永盛印刷有限公司
开 本：889 mm×1194 mm 1/16
印 张：15.5
字 数：124千字
版 次：2018年5月第1版第2次印刷
定 价：238.00元

投稿热线：(010)64155588-8000
本书若有印装质量问题，请向出版社营销中心调换
全国免费服务热线：400-6679-118 竭诚为您服务

前言 Forword

软装设计是室内陈设设计的俗称，虽然国内有部分高等院校很早就开设了这门专业，但在近十几年房地产业大发展的背景下，学校的知识体系与市场发展相比有些滞后。

软装设计的整体发展在中国仍处于起步阶段，软装市场还不成熟，无法形成通行的语言和标准，而行业标杆和产业链条也都在形成中，产业化的道路还很遥远。受益于房地产业的推动、巨大的存量市场、家居消费市场升级，**以及人们对美好事物的追求，使软装市场会有很大的发展空间。**

房地产业的发展大概经历了三个过程：一是毛坯房时代，消费者基本是自主装修加自主软装;二是精装房时代，开发商解决硬装，消费者自主软装搭配;三是成品房时代，全屋定制、全屋软装等服务逐渐登上舞台。**关注消费者的需求，为消费者提供个性化的整体软装服务是未来的发展趋势。**

据有关报道，**家装消费者对硬装的资金投入有所下降，对软装的投入越来越多。**我国家居软装产业的增长速度很快，据相关报道，2017年国内的家居用品、软装饰品年销售总额已超过3万亿元，虽然总量已相当庞大，但人均消费水平，与欧美发达国家相比差距仍然很大，发展空间潜力很大，属于朝阳专业。

软装设计根据用户群不同，分为二大市场：一是针对开发商、投资商等企业用户，针对企业用户又有不同类型：精装样板房市场、酒店会所市场、商业空间市场、办公空间市场及情景空间市场等。二是针对个体消费者，一千位消费者有一千种不同的需求。个性化的需求,也造成软装设计及其产品很难通过复制扩大规模。

经过近十几年的发展及大量的项目实践，一方面国内的软装设计水平、产品的分类细分化、物流供应、工厂的生产、品牌的建设都发展很快;另一方面产品同质化严重、服务模式比较单一，低端软装消费一直是市场主流，知名度高的软装公司很少,从业人员门槛较低，**真正专业、称职的软装设计师严重缺乏，**导致软装行业问题较多。出问题最多的是交付环节。

改革开放让我国的家居软装制造企业迅速发展、壮大，之前很多厂商或企业主要是客户是发展出口或特定市场，成为国外品牌的代工企业，绝大多数忽视了国内品牌建设及渠道拓展。但他们通过多年的沉淀，具备了生产制造、供应链管理等专业能力。针对全球的发展趋势，欧美市场的萎缩不可避免，开拓国内市场及发展中国家的市场迫在眉睫。加上不断出台的环保政策，国家对环境污染的治理越来越严格，不仅提升了对家居软装行业的环保要求，也迫使整个家具行业快速转型升级。从生产源头实现环保，**开发新的生产新的环保工艺和设施，成为供应链厂商发展的方向和动力。**

虽然软装市场公司众多，但大多数为中小企业，规模不是很大。在大环境的影响下，市场的集中度将进一步加强，市场标准随之越来越规范和透明，优质的产品企业将会占有更多的市场空间，本书希望帮助这些优质的企业对接更多的设计师和用户。让更用心做事、更有社会责任的厂商获得更多的市场机会。

软装的种类包括家具、灯具、饰品、地毯、窗帘

布艺、花艺、床品、挂画、装置及艺术品等等。以上任何一个品类里按使用场景和材质不同，还有更多的细分类型，加上软装与时尚潮流紧密相连，每一年每一季都有不同的流行元素，产品更新换代很快。因为软装的个性化需求加上产品种类繁多，且更新很快，导致设计师一直要花时间关注并收集专业的产品供应商。但只通过参加展会的供应商收集信息，如果**没有时间考察和进一步的了解厂商的专业技术、工艺特点及交付能力，就会导致在选择产品的时候只能用自己熟悉的厂商，而无法接触更适合的。**

对一个软装设计师来说，除了需要掌握大量的设计专业知识，更要了解成千上万种产品及品牌。目前，国内设计师在方案的设计上面有了很大的提升，但往往在方案的落地实施和交付上遇到很大的问题。一是方案和落地产品的价格预算是否满足;二是产品的质量容易出现问题。设计师需要协调管理的事很多，**造成往往项目方案设计的很好，但最终呈现的效果和品质却差很多。**

因此本书集中专业人士对众多的产品进行分类筛选，通过专业开发商、设计公司、软装设计师、品牌方、生产方等资深人士的严选，通过产品方完成的经典项目案例，按照品类、风格、使用场景等要素，严选优质的产品和生产企业及品牌。我们也随书建了一个微信公众号，通过持续不断地更新，为**设计师提供有品质的产品信息库，帮助设计师节约时间，提高项目完成精度，减少因为信息不对称而造成的不必要的中间成本。**我们希望通过这个平台建立专业的社群，使随书公众号成为设计师的学习平台，**让设计师在这里学习产品专业知识，找到专业厂商，认识更多伙伴，能共同成长。**

在过去的十几年中，软装市场从无到有，巨大的市场催生了无数软装相关产品企业，市场粗放式的发展导致竞争激烈，“劣币驱逐良币”的情况经常发生。**在未来宏观政策的背景下，在市场的透明化程度及用户对品质的要求等相关因素叠加的影响下，精细化、专业化、品质化发展是大势所趋。**软装市场必定走向更好的前景。因此需要更多有责任心的行业工作者、参与者一起搭建一个有价值的平台，最终实现对美好生活有追求的群体们的共建、共享和共赢。

物质匮乏已经过去，精神丰足已经到来，对于软装行业来说，这是一个最好的时代!

感谢以下为本书作出贡献的前辈与同僚，若无他们之助，本书出版之途必更为艰辛:王建军 、曹雅洁 、卞国俊、孟莉、任蕾、吴楚妍(排名不分先后)。

序言 Preface

1996年的秋天，漫步在老上海法租界的衡山路上，满地的落叶激荡起我和同事创作的灵感。于是我们拾起一堆又一堆等待清洁车清理的梧桐叶和枝干，运用自己花了半辈子心血在钻研的花艺创作方法与技巧，设计创作出一座座雕塑盆花，这些盆花可以作为新年装饰、婚礼花艺、品牌装饰与空间及厨窗设计！

在当时，我和软装同行已潜移默化地将花艺的设计运用到了当时红火的婚纱摄影、影楼布陈。这种摩登而时尚的装饰设计，从上海淮海路一条最兴旺的影楼街传至中国内地的五六十个城市，我也被邀请至各地设计和布置装饰。

接着我们与国际品牌法国LMVH&BurBerry、哈根达斯、香奈儿及中国艺术博物馆美术馆、银行等企业合作，运用极简素材和艺术创作理念，在公众场合完成高档商业空间的装饰布置，让美好与意外的经典软装空间相融，并与国外最新时尚潮流接轨，引导国内的软装趋势发展。当然，顺应国内房地产市场的兴盛发展，我们较早地开始了地产楼盘的软装陈设工作。

最初使用几元钱的材料到几百元、几千元、几万元的各种家居用品材料，我们引入欧洲、意大利、法国、德国、美国等世界知名的家居供应商，完善出更多空间、楼盘及样板房的设计，明智、接地气的组合行为，在当时中国设计界创造出新名词为“软装设计”，除了建筑室内设计又一名词的诞生，亦随中国互联网发展的同时写下软装新一页，其中软装材料占据大部分商业渠道和地位，从而更新人们对住宅有装饰布置和设计要求的想法，另一股进化软装史开始在国内兴起。幸运的我在知名媒体人王建军老师引见下进入出版界，分享出记录写下中国第一本软装具手册、礼仪、餐饮空间设计等书籍，大大满足国内设计师教育和供应商的知识页面需求。并让软装成为设计及出版界的重点关注的焦点，相信这些举动和经验及数据都一一证明中国软装业对生活与设计的重要性，今天感谢软装严选一书对我的垂青，邀请我写“序”，这本软装严选的诞生又会是设计同行的另一福音！

简名敏
2018 年 2月

A 家具

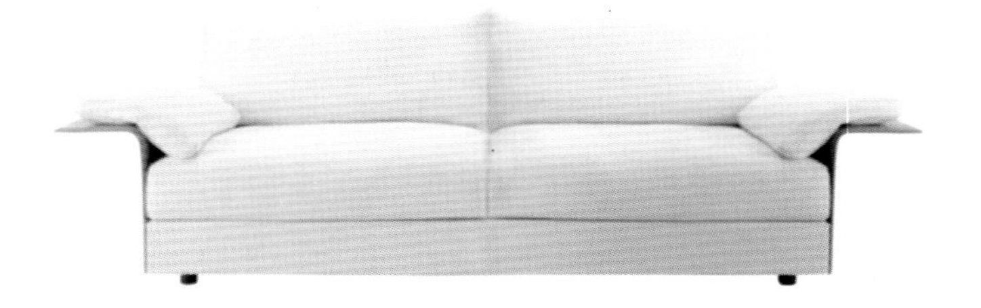

B 灯具

C 地毯

D 画

E 墙纸/刺绣

F 窗帘/床品/靠垫

G 饰品

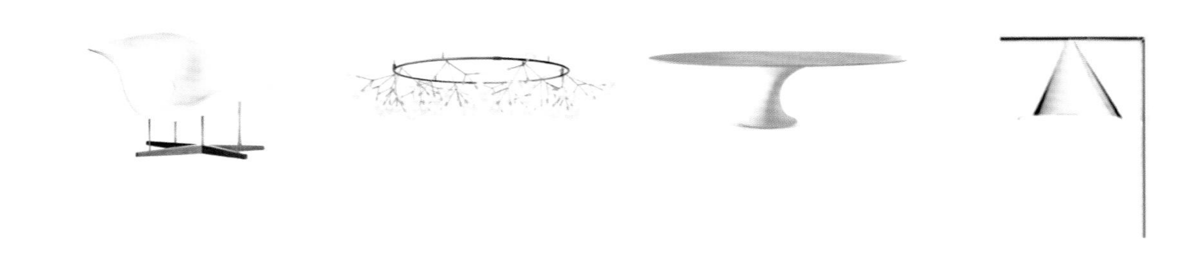

B&B ITALIA

品牌简介 | INTRODUCTION

B&B ITALIA 意大利家具品牌是世界公认的现代室内装饰领域的领导者。B&B ITALIA 的产品展现了意大利设计的历史和成就，让全世界领略意大利人的想象力、创造力、品位和专业技术。皮耶罗在 1966 年离开他的家族企业，创办了自己的家具公司。piero 的创业思想打动了著名家具品牌 Cassina 的高层领导，他们合作成立了意大利 C&B 公司。1973 年布斯奈丽成功收购了 C&B 公司的全部股份，公司正式改名为意大利 B&B ITALIA 公司。

主打产品 | PRODUCT

▲ Moon System
Zaha Hadid

▲ Up Junior
Gaetano Pesce

▲ J.J.
Antonio Citterio

▲ Husk
Patricia Urquiola

▲ Grande Papilio
Naoto Fukasawa

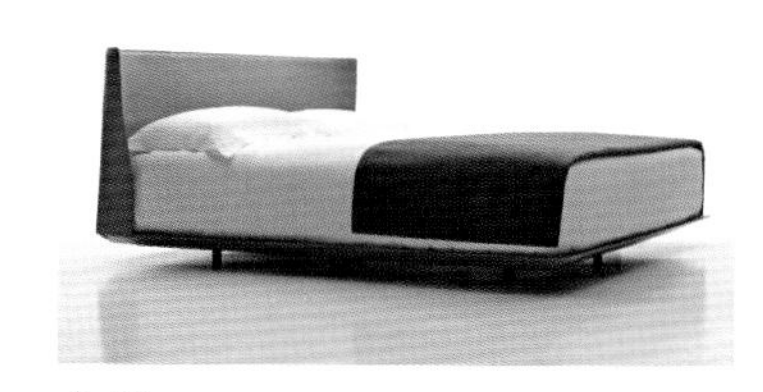

▲ Alys
Gaetano Pesce

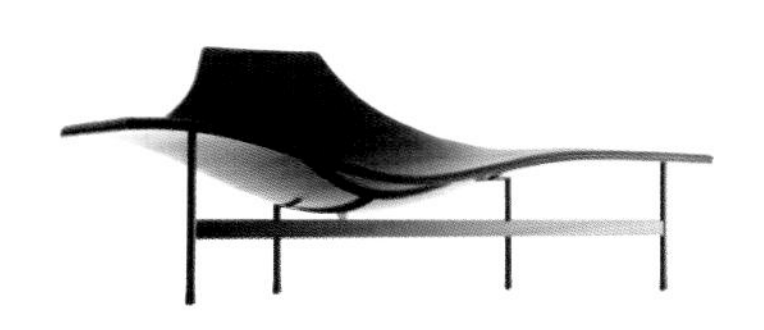

▲ Terminal 1
Jean-Marie Massaud

▲ Tobi-Ishi
Edward Barber & Jay Osgerby

设计理念 | DESIGN KEY POINTS

B&B ITALIA 的成功在于将创意、革新和制作工艺完美结合，用极简的设计语言表达生活的品位，并以此制作出“永恒”的产品。用对时尚趋势高度敏感的产品来预示和演绎现代文明，让每一件产品都成为创造力与精湛工艺的完美结合品。

B&B ITALIA 的设计还侧重家具自身功能性，造型简约，没有任何多余装饰，很好地满足了现代人在烦琐工作和生活中寻找出口、追求心灵安静的精神需求。价位高，产品线宽，风格鲜明，属于软现代。B&B ITALIA 的消费者群体基本都是比较时尚、对生活有追求、非常富有的高端群体。它营造出简约、奢华、时尚、高雅的室内氛围。虽然它的价格令人咋舌，但是仍有相当多的追随者。

产品特点 | FEATURES

B&B ITALIA 和其兄弟品牌 Maxalto 的产品蕴含着匠心独运的元素，集成发展了设计、研发、创新和工艺，并阐释了当前变幻莫测的设计潮流。

B&B ITALIA 家居品牌除了外形亮丽，很有设计感，在材质创新研究上也不遗余力，与拜耳共同研发成功冷发泡聚氨酯（可做成一体成型、又富有弹性的沙发），还与杜邦合作的达克龙填充物，加在沙发的骨架外，可让沙发不易变形。

展厅代理 | AGENT

品牌展厅：
宁波和义大道购物中心
浙江杭州大厦史毕嘉国际家居馆
吉盛伟邦上海虹桥国际家具博览中心
代理商：
AREA LIVING
上海市静安区陕西北路 600 号

www.bebitalia.com

POLTRONA FRAU

品牌简介 | INTRODUCTION

1912 年诞生的 POLTRONA FRAU，至今已有 100 年的历史。1926 年该公司正式成为意大利王室家具的供应商，已成为近百年来整个欧洲皇室的专属御用家具。POLTRONA FRAU 的精致手工艺为它赢得世界各地顶级场所室内设计的青睐：美国纽约古根汉姆博物馆表演厅、洛杉矶迪斯尼音乐厅、欧洲共同议会、大英博物馆都指定使用 POLTRONA FRAU 定制家具，而 Bang&Olufen、Bvlgari、Cartier、Hermes、Prada 等也纷纷选择 POLTRONA FRAU 设计全球展厅。从大师作品到最新系列，POLTRONA FRAU 携手国际顶尖家居设计师及世界级建筑大师，来诠释广受世界瞩目的现代意大利家居风格，见证了意大利卓越的设计风尚。

主打产品 | PRODUCT

▲ Mamy Blue
Roberto Lazzeroni

▲ Archibald
Jean-Marie Massaud

▲ Fred
Roberto Lazzeroni

▲ Dezza
Gio Ponti

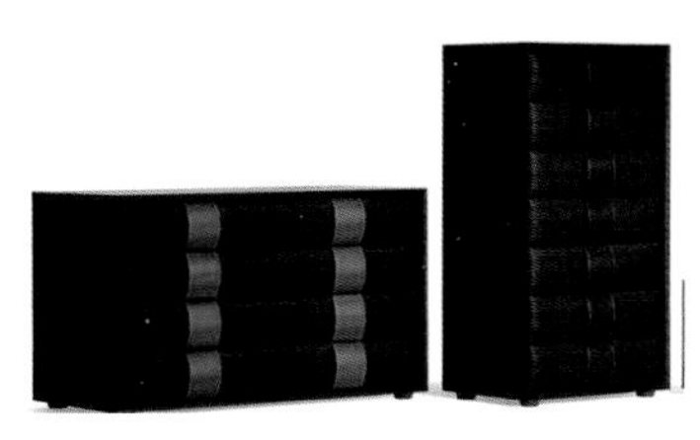

▲ Obi
Poltrona Frau

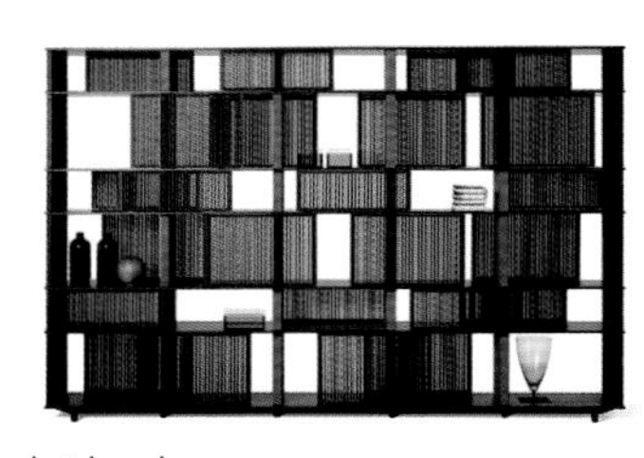

▲ Lloyd
Jean-Marie Massaud

▲ Mamy Blue bed
Roberto Lazzeroni

▲ Ninfea
Matteo Ragni

设计理念 | DESIGN KEY POINTS

POLTRONA FRAU 被誉为“意大利家具行业风向标”，具有极高的收藏价值，在意大利人心里不只是家具，它表现的是一种隽永且无可取代的价值。其设计理念就是把知识财富凝聚在每件 POLTRONA FRAU 的家具中。POLTRONA FRAU 不断改良复杂的手工加工，并使工艺在手工艺大师中代代相传。POLTRONA FRAU 家具永不过时的优雅及每一件产品的个性都源自双手与设计的结合，彰显最现代外形中的手工技艺。集优质的素材、精巧的工艺、时尚实用及隽永的设计于一身。它们不是造型抢眼的新宠，而是优雅低调的“古董”，经过世代的流传，铭刻了家族的历史和美好的回忆。

产品特点 | FEATURES

POLTRONA FRAU 具有收藏价值的原因源于品牌延续百年的独特精湛手工艺和天然材料，以及超越了不同年代时尚的经典传世造型。POLTRONA FRAU 的皮革材质与皮椅缝制技术是其最大的亮点。

皮革是 POLTRONA FRAU 的灵魂。最棒的设计和最高工艺必须搭配最佳材料，才能彰显出品牌的质量、实用性及制造细节的重视。POLTRONA FRAU 推出独一无二的 Pelle Frau® 皮革，在极具现代感的同时，又保持着原始、自然、柔软的特质。近百年来，该品牌坚持使用纯天然材质，只选择用顶级皮革配以全手工制作流程，而且坚持只在意大利的工厂里制作。

展厅代理 | AGENT

品牌展厅：
中国北京展厅
地址：北京市东城区东四十条 94 号亮点设计中心七层
上海旗舰店
地址：铜仁路 88 号
代理商：
AREA LIVING
上海市静安区陕西北路 600 号
www.arealiving.cn
www.poltronafrau.com/zh-hans

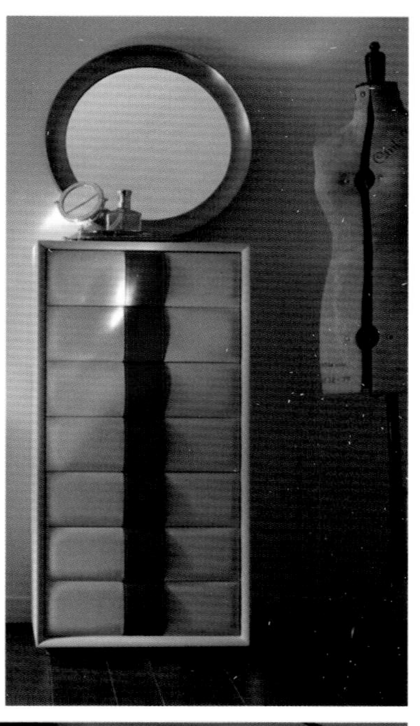

ARMANI CASA

品牌简介 | INTRODUCTION

高端奢侈阿玛尼旗下的 ARMANI CASA 品牌家具，是诞生于 20 世纪 80 年代中期的著名国际家具顶级品牌之一。ARMANI CASA 自创立伊始即传承了贵族血统，以其独特风格受到时尚新贵的青睐，其设计风格在坚持一贯的简约理念的同时，也在繁杂的都市生活中寻求自我和个性独立。瞄准追逐时尚的财富新贵一族，ARMANI CASA 在设计上通过奢华时尚、华丽色系、个性设计、暗藏性感的表达来展现新贵的与众不同，令人无须刻意炫耀。ARMANI CASA 在简约中展现着欧洲风格所特有的华贵气质，同时又将现代感巧妙地穿插于经典意境中，更显风情，为财富新贵带来国际化时尚的家居奢华消费选择。

主打产品 | PRODUCT

▲ Bandos

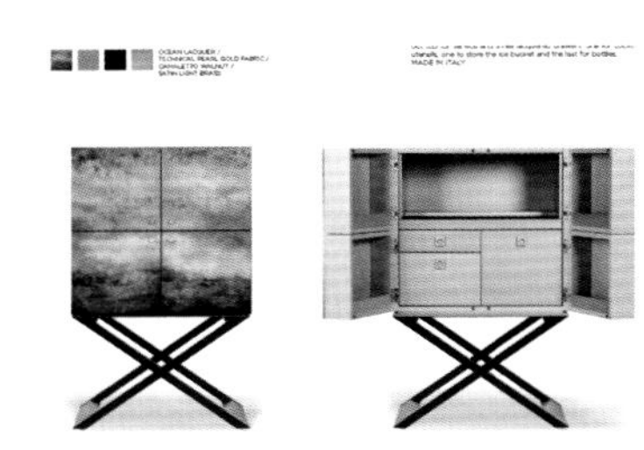

▲ Club

▲ Beethoven

▲ Borromini

▲ Andromeda

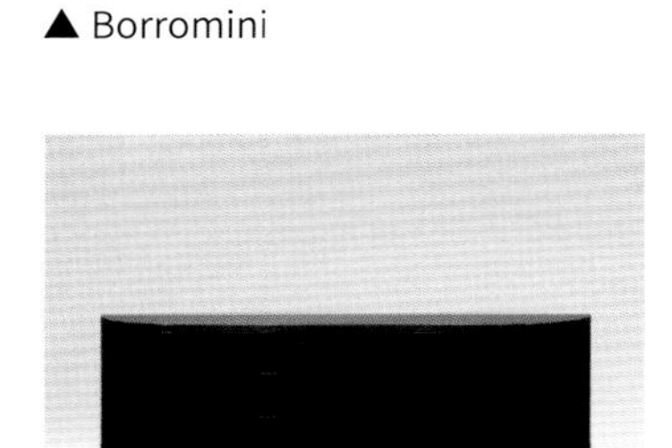

▲ Castilla

▲ D'Alambert

▲ Freud

设计理念 | DESIGN KEY POINTS

ARMANI CASA 相信，在对时尚的追求达到极致之后，人们所需要的不仅仅是外在的美，而更在于心灵的体验。透过舒适简约的设计、环保健康的选材、华丽的色彩、及独具一格全球首创的鳄鱼纹饰面倾诉着典雅，其产品充满着性感的魅力，诠释美学的格调。

ARMANI CASA 一直秉持着一套完整的美学系统，设计上不断吸纳东方哲学与西方的时尚主义。所有的设计，都在贯彻“少就是多”的极简主义核心理念。实际上，ARMANI CASA 就是 Giorgio Armni 生活态度及生活品位的折射，也是他低调、优雅时装设计精神的延伸——极简风格、纯手工制作及大气的设计都是 ARMANI CASA 的特点。

产品特点 | FEATURES

作为时装大师，Giorgio Armani 对面料的敏感也充分体现在他的家居布艺作品上。在材质的选择上，独特、讲究的细节是 ARMANI CASA 的特点，家具在怀旧中又透露出未来感觉是其最鲜明的特色。另外，张扬的层次结构、太阳图案和金色绚彩，又使 ARMANI CASA 在璀璨之外还拥有扣人心弦的低调华丽。

ARMANI CASA 的美学哲学延续了其时装线的风格——简约、优雅，善于将不同的材质、颜色、面料等完美结合，并注重细节的设计。在其设计里任何繁复无用的东西都会被剔除，每一处都体现了精致的氛围和低调的奢华。一个手柄、一颗按钮、一个装饰螺钉等简单元素，不是大批量生产的。

展厅代理 | AGENT

展厅：

帝幔进口家具奢品馆 B 栋一层、五到七层

地址：上海市闵行区吴中路 1265 号（合川路口）

www.armani.com

BENTLEY HOME

品牌简介 | INTRODUCTION

BENTLEY 生产世界上最好的手工汽车内饰已经超过 90 年，延续一贯的理念，为家庭和办公室带来 BENTLEY 的奢华。这个知名的豪车品牌并推出全新产品线——BENTLEY HOME，作为顶级轿跑车品牌，BENTLEY 将其品牌理念、风格转化、融入住宅或办公室中。从 1931 年至今，BENTLEY 车内饰一直在英国克鲁郡由经验丰富的工匠手工制作。皮质部分缝制工时超过 150 小时，仅方向盘蒙皮就需要一个熟练工花 15 小时来缝制。BENTLEY HOME 所有产品均延续了 BENTLEY 汽车的工艺要求，品质同等精湛，每一个细节都臻于完美。

主打产品 | PRODUCT

▲ Evan Console

▲ Alston Table

▲ Canterbury Armchair

▲ Kendal Chair

▲ Ambassador Sideboard

▲ Melrose Sofa

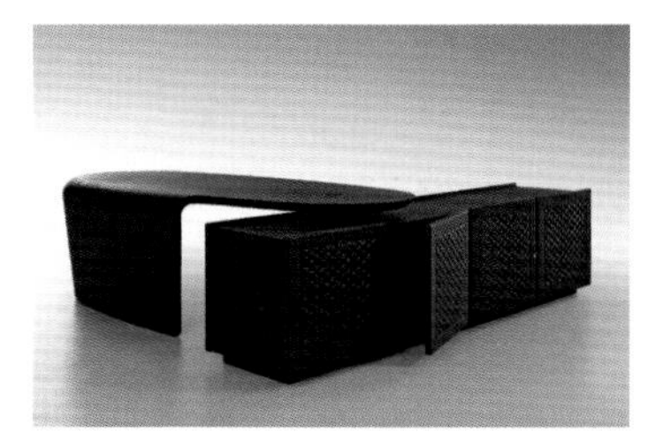

▲ President Desk

▲ Richmond Bed

设计理念 | DESIGN KEY POINTS

BENTLEY HONE 在配色方面以丰盈的象牙白与烟褐灰作为主色调，配以浅米黄与乳白色为缀饰。BENTLEY 的经典设计语言被融入家居细节当中：精妙的皮革编织设计勾勒出产品柔软、灵动的线条轮廓；座舱内饰中标志性的独特菱形格纹装饰同样被用于全新家具产品的设计之中，自成一格。

BENTLEY HOME 结合传统英国赛车手精神与全新当代英格兰风格，突显其车主的优雅与活力。

产品特点 | FEATURES

精制手工工艺是 BENTLEY 保证其贵族血统的重要原因。

BENTLEY HOME 的皮料选用与 BENTLEY 汽车同产地同等级的牛皮，以皮质细腻且无瘢痕的皮革，再剔除破损及不对称的部位，确保每件 BENTLEY HOME 家具外表美观并经久耐用。BENTLEY HOME 对顶级皮质的甄选在“苛求”中发挥到极致，以营造奢华、舒适的居住空间。

而木质饰板则来自世界各地的珍稀良木：楠木、白蜡木、枫木等。经精心甄选的木材无不呈现出木材本身的原始色泽与曼妙花纹，保留材质的自然品质和独特光彩。BENTLEY HOME 的木质饰板运用面积较大的树干切片，制作时还要考虑木纹的对称性，以形成自然的对称花纹，所以更加珍稀与奢华。细看细腻温润的天然木纹，无不凝炼时间的光华。

展厅代理 | AGENT

展厅：

帝幔进口家具奢品馆 B 栋一层、五到七层

地址：上海市闵行区吴中路 1265 号（合川路口）

禾润世家

地址：成都市高新区天和西二街 189 号富森创意中心 A 座 22 层

范思哲家居（VERSACE HOME）

品牌简介 | INTRODUCTION

范思哲（VERSACE）以其鲜明的设计风格、独特的美感、极强的先锋艺术表征征服全球。1992 年初范思哲家居系列的诞生，将品牌极致奢华的概念融入日常生活中。经典的美杜莎头像和希腊回纹象征着奢华与前卫、优雅与神秘，多彩的印花和巴洛克美学等元素将时尚与艺术精妙融合，完美统一了各种对比强烈、反差极大的美学风格。如今范思哲家居成为意大利奢侈品的典范，享誉世界，已然是名利场中的真正贵族，其带给家居界的时尚奢华之光芒，那么耀眼而让人痴迷。

范思哲家居品牌从传统希腊神话中永恒美丽的象征中汲取灵感。2015 年米兰家具展的作品中将其演绎为现代性和创造性的语言，完美诠释着意大利制造的独特风格。

主打产品 | PRODUCT

▲ Via Gesu

▲ Vanitas Living

▲ Obelisco

▲ Deco Vanitas

▲ Duyal

▲ Deco Vanitas Sideboard Dining

▲ Argo

▲ Mesedia

设计理念 | DESIGN KEY POINTS

范思哲品牌一贯秉承大胆、强烈、充满诱惑力的设计理念，精致上乘的面料辅以明亮的色彩和大胆的创意，赋予品牌独树一帜的鲜明风格。

范思哲家居其标志采用的神话中蛇妖美杜莎的造型作为其精神象征所在画面，超脱了歌剧式的庄严、文艺复兴的华丽以及巴洛克的浪漫，并以极强的先锋潮流艺术特征受到世人的追捧，经典即是时尚。范思哲家居保持着品牌一贯的华丽风格，体现出神秘的巴洛克风格印花。鲜艳夺目的色彩，不仅点出了鲜明的品牌特色，更让每一件作品都像瑰丽、精致的艺术品，那一大片的金黄色，更是闪耀。

产品特点 | FEATURES

范思哲坚持着意大利的奢华风范和设计中的时代感，流露着对梦想的追求。创立之初，家居系列只包括家居纺织品（只有简单的床单、绒被、枕头和垫子），随后又与德国知名瓷器品牌 Rosenthal 合作了著名的瓷器餐具系列：美杜莎、Meandre、马可·波罗、巴洛克、太阳王、Les Tresors de la Mer 以及 Le Jardin de Versace 等。

1992 年之后范思哲家居推出的每个系列都有自己的新主题，这些主题都和某个装饰象征相关，如美杜莎或新古典希腊回纹饰，这些现在已经成为范思哲的标志符号。

展厅代理 | AGENT

展厅：

帝幔进口家具奢品馆 B 栋一层、五到七层

地址：上海市闵行区吴中路 1265 号（合川路口）

禾润世家

地址：成都市高新区天和西二街 189 号富森创意中心 A 座 22 楼

www.versacehome.it

FENDI CASA

品牌简介 | INTRODUCTION

始创于 1925 年的 FENDI 秉承意大利精湛的工艺技术，以出品顶级皮草、包具闻名于世。其推出的 FENDI CASA 是较早将奢侈品牌引入家居领域的品牌，已成功跻身世界顶级家具行列。作为意大利高端家具的典范，FENDI CASA 以其纯正血统演绎着意大利制造精髓：将精致的制造技术与设计灵感相结合，在完善产品功能性同时满足审美品位。

世上没有比家更好的地方，自 1989 年， FENDI 在纽约第五大道精品店首次亮相 FENDI CASA 家居家饰系列，FENDI 奠定了自己在世界范围内引领家居时尚潮流的领导地位。

主打产品 | PRODUCT

▲ Columbus Coffee Table

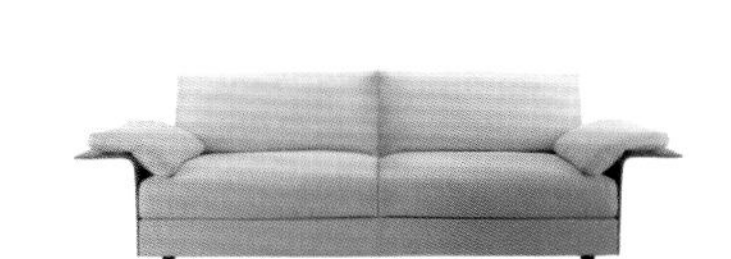

▲ Hampton Sofa

▲ Via Gesu

▲ Cameo 2 Bed

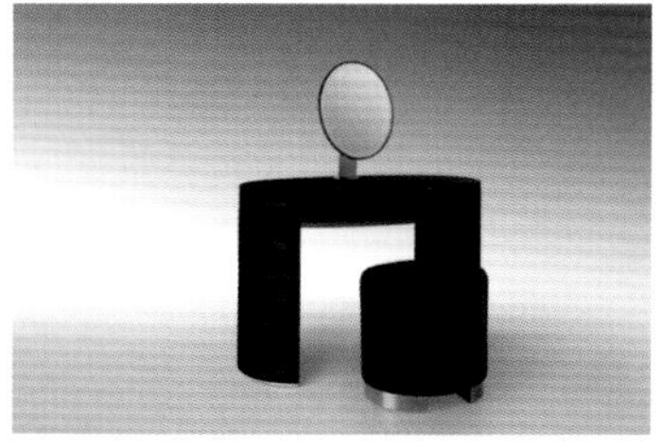

▲ Asja Beauty Desk With Mirror

▲ Ford Table

▲ Plaza Sofa

▲ Galileo Table

设计理念 | DESIGN KEY POINTS

FENDI CASA 在简约中不乏时尚与高贵，既带有古典的雅致，又充满现代的灵动。源自多年的时尚精神沉淀，彰显独有的优雅精致，巧妙运用黄金分割，使家具呈现一种恰如其分的和谐之美。传统与创新并存、美观和实用同在，成就了 FENDI CASA 在家具界的炫目地位。

FENDI CASA 运用互补的氛围和风格交织，将传统风格注入现代线条，以精细工艺与创新的材质，在一个建筑空间中完美地传达出精致的生活艺术。表现的不仅是奢华，更是一种永恒经典和贵族气度，优雅与平衡，让美学在细节中淋漓尽致地表现。

产品特点 | FEATURES

马鞍缝法是芬迪的特色，借鉴于包具类的独有加工技法。FENDI CASA 承袭芬迪时尚产品的制作理念，运用大量皮草、绸缎、流苏、印花等元素，令 FENDI CASA 的每件家具都雍容美艳，细节之处亦是尽善尽美。并以鳄鱼纹、蜥蜴纹、蟒蛇纹、鱼纹等数十种珍稀动物皮纹呈现出奢华和经典的贵族气度。优良的工艺处理，再辅以专业裁剪、印花、网纹、染色等技术。在色彩的运用上，除了经典的黑、白、红色系，FENDI CASA 更巧妙结合时装流行元素，并从每年的巴黎、米兰时尚峰会上汲取设计灵感。

展厅代理 | AGENT

展厅：

帝幔进口家具奢品馆 B 栋一层 / 五到七层

地址：上海市闵行区吴中路 1265 号（合川路口）

www.fendi.cn

BOTTEGA VENETA

BOTTEGA VENETA

品牌简介 | INTRODUCTION

BOTTEGA VENETA 致力于在保护并传承意大利的优良传统的基础上，将品牌发展为真正的尊贵生活代表。品牌坚守的品质始终如一： 出众的手工技艺、持续创新的设计、符合时代需求的功能及精益求精的选材，全面地展示了 BOTTEGA VENETA 的璀璨文化遗产与卓越品质追求。

主打产品 | PRODUCT

▲ Coffee table

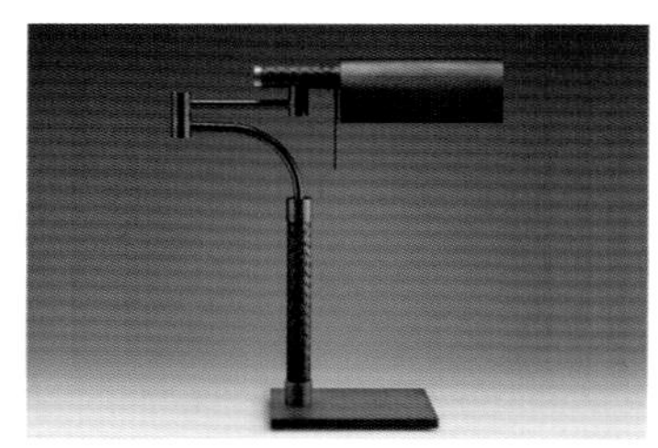

▲ Reading floor lamp

▲ Bronze matte oak curved table
Tomas Maier

▲ Coffee table

▲ META series furnifure
Tomas Maier & Poltrona Frau

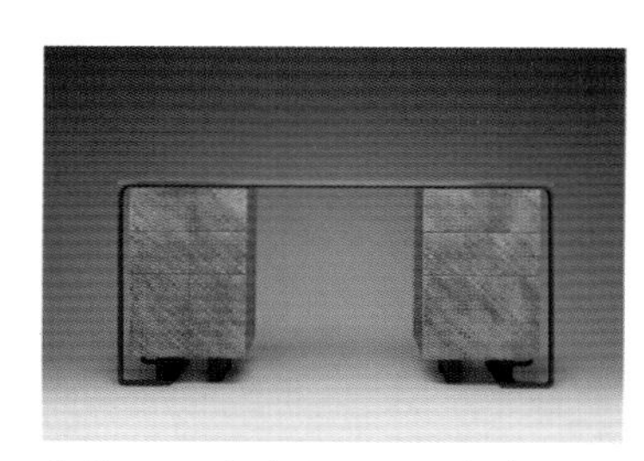

▲ Suspended structure desk

▲ META series furnifure
Tomas Maier & Poltrona Frau

▲ Folding chair

设计理念 | DESIGN KEY POINTS

BOTTEGA VENETA 拥有意大利出色的传统皮革工艺技师，他们秉承着一丝不苟、细致入微、尽善尽美的态度，在位于工匠小镇的一座 18 世纪古老别墅的 BOTTEGA VENETA 工坊内，用双手、双眼和心灵，将每一件产品都升华为令人怦然心动的艺术品。创意灵感均来自于品牌诞生地意大利威尼托地区的维琴察，遵循了 BOTTEGA VENETA 的品牌理念：卓越的手工艺、隽永的设计、现代的功能及对于材质的不懈坚持。这是一个极富个性和自信的品牌，才华横溢极富激情的工匠与设计师联手。Bottega Veneta 意大利品牌的宗旨为：通过创新、精良的品质和精湛的技艺，创造全新的奢华标准。

产品特点 | FEATURES

低调典雅的全新 BOTTEGA VENETA 力求质地、设计、功能性完美平衡，搭配杰出的制作工艺，运用顶级的材质及细腻工艺，呈现出温暖与优美的氛围，同时也展现出隽永与创新兼备的设计感。其中部分产品由 BOTTEGA VENETA 享誉全球的生产商制造，这些拥有专门知识与技术的生产商包括制作玻璃品的 Murano、制作瓷器的 Koenigliche Porzellan-Manufaktur Berlin，以及制作座椅的 Poltrona Frau。Bottega Veneta 现拥有一家专门生产家具的工厂，设于意大利 Veneto 区 Vicenza，该区为品牌发源地。

展厅代理 | AGENT

展厅：
帝幔进口家具奢品馆 B 栋一层、五到七层
地址：上海市闵行区吴中路 1265 号（合川路口）

www.bottegaveneta.com

AIRPORT DESIGN
MARKUS BENESCH
Pintoricchio

BUGATTI HOME

品牌简介 | INTRODUCTION

BUGATTL HOME 系列秉承 BUGATTL 家族自 20 世纪初以来的美学传统，将其优雅和卓越的气质完美融入家居生活方式。Carlo Bugatti 本人一直从事家具设计，他设计的部分家具如今已在全球各地博物馆展示。如今，设计师 Carlo Colombo 与 BUGATTL 设计师艾蒂安·莎乐美一道重新研究并精心诠释了布加迪品牌基因。

BUGATTL HOME 拥有独特、奢华和优雅的现代感，将传统和创新完美平衡，是精致设计与非凡技艺结合的典范。BUGATTL HOME 系列的主要作品沿用了 BUGATTL 品牌的经典蓝色，秉承了 BUGATTL 品牌独有的关键元素和标志线条，这些主要作品包括客厅、卧室和办公室系列家具，如今已陈列在博物馆内，供人欣赏 BUGATTL 家居的魅力和独特款型。

主打产品 | PRODUCT

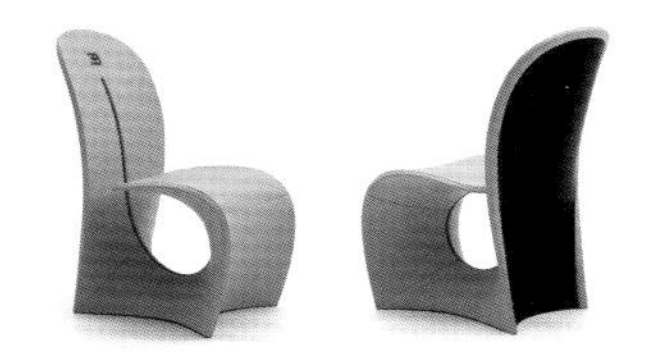

▲ Cobra Chair

▲ Lydia Bedside Table

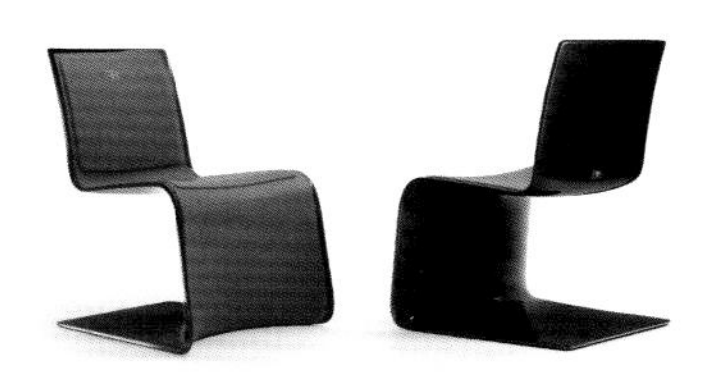

▲ Atlantic Chair

▲ Lydia Bed

▲ Ettore Bureau W/Small Drawers

▲ Ettore Grand Bureau Desk-Office

▲ Royale Sofa

▲ Atlantic Table

设计理念 | DESIGN KEY POINTS

BUGATTL HOME 系列拥有独特、奢华和优雅的现代感，将传统和创新完美平衡，是精致设计与非凡技艺结合的典范。BUGATTL HOME 系列的主要作品沿用了 BUGATTL 品牌的经典蓝色，秉承了 BUGATTL 品牌独有的关键元素和标志线条。正常的汽车、飞机、游艇、太空舱无一例外是在高科技和新材料应用下的实用简约主义，将科技、工艺、结构的美学发挥到极致，绝对不会拖泥带水、繁缛纠缠。BUGATTL 将汽车制造美学直接移植到家具设计中，没有繁复的材料堆积，皮质面料走线细腻的流线结构，一体成型，用现代工艺打造的奢华品牌家具形象突出。虽然未必人人用得起，但是设计的来源和延展十分清晰，家具本身的体验感（视觉、触觉、舒适度）集合一起带来的品质十分具有冲击力。

产品特点 | FEATURES

作为承袭法国奢侈品牌特色的 BUGATTL，其双色调色系，BUGATTL 独特线条和著名的 BUGATTL 马蹄状前脸设计，给 BUGATTL HOME 增添了柔和气质和流线美感，无不让人联想起 BUGATTL 超级跑车的设计。

BUGATTL 家居的色系沿用布加迪经典色，皇室深蓝搭配天然浅蓝，配以经典银灰、温暖棕灰和雅致香槟色，经色彩组合和色彩混合创造出优雅的视觉气质。BUGATTL HOME 一律采用碳纤维制作架体，BUGATTL 跑车外部车体也使用同样的碳纤维制作，这一技术使用了尖端科技和非常复杂的设计。BUGATTL HOME 完全使用高纯度、高强度的碳纤维架体，融合其他精选材质，如钢、玻璃和皮革，以意大利最上乘的手工工艺制成家具底座、面体和装饰。

展厅代理 | AGENT

展厅：

迪拉索高端奢华家居体验馆

央视典藏馆

地址：北京市朝阳区朝阳路 139 号院 4 号楼层

亚运村典藏馆

地址：北京市朝阳区安慧北里逸园 2 号楼 106 号

京广典藏馆

地址：北京市朝阳区东三环京广桥东北角首创南门

www.luxurylivinggroup.com

Poliform

Poliform

品牌简介 | INTRODUCTION

1942 年创立的 SPINELLI & ANZANI 品牌于 1970 年正式更名为 Poliform，这一品牌至今已经 70 多年的历史。公司是传承了三代的家族企业，从开创初期最先提出的模块式家具概念，到今天的多种生活方式的理念，Poliform 一直是世界家具行业的理念领导者。今天，Poliform 品牌是质量、豪华生活方式和卓越的代名词。Poliform 众多产品涵盖整个房屋的家具，如书架系统、橱柜、衣柜、沙发、床等。从一开始，公司毫不掩饰其工业精神，它的目的是利用自动化生产线的全部潜力，以应对日益变化的全球市场。多年来，Poliform 不断调整针对家具市场的建设方向，收集客户的需求和建议，将流行趋势展现于一个更高的层次。

主打产品 | PRODUCT

▲ Ipanema
Jean-Marie Massaud (2013)

▲ Santa Monica Lounge
Jean-Marie Massaud (2012)

▲ Anna
Flaviano Capriotti (2009)

▲ Sydney
Jean-Marie Massaud (2016)

▲ Camilla
R&D Poliform (2006)

▲ Sophie
Emmanuel Gallina

▲ Chloe Letto
Carlo Colombo

▲ Ventura Lounge
Jean-Marie Massaud (2011)

设计理念 | DESIGN KEY POINTS

Poliform 的全部产品系列秉承了"Poliform Home"的设计理念，归功于公司多元化的模块化系统，可以兼容多种家装风格，并且可以打造适合每个住宅的整体项目。

Poliform 历来与诸多国际知名的设计师、建筑师合作。在现代意大利家居中，家具已经超出了其单纯的实用性功能。在设计风格上，Poliform 始终坚信只有简约的、实用的，才是完美的、永恒的。Poliform 之所以成为世界顶级的家具，与它严谨的做工是分不开的，对于细节处的用心处理，决定了家具的品质，高品质家具使用几十年都能完好无损。Poliform 与众多国际著名设计师的合作，将一种常人以前无法拥有的高贵带进了你的生活。

产品特点 | FEATURES

从原料的引进，到机器 90 度的切割，包边、烤漆加工、打磨、染色、烘干，再到喷填缝隙、烘干、打磨、上色、烘干，机器打洞、钻孔、机器安装配件，最后到包装完成，每一件 Poliform 的产品都至少经过几十道工序的严格检验。全机器化的运作加上精细的纯手工操作，使得 Poliform 的每一件产品都是那么的独一无二。笔直的线条，经典的色彩，简洁利落，高贵又优雅。凝聚着自然感、历史感、细节感的 Poliform 家具拥有着其他家具所无法模仿和超越的特质。

展厅代理 | AGENT

poliform 上海虹桥吉盛伟邦展厅
地址：上海虹桥吉盛伟邦国际家具博览中心三层
www.poliform.it

NATUZZI

品牌简介 | INTRODUCTION

NATUZZI 集团于 1959 年在意大利塔兰托创立，现任 CEO 和设计总监帕
斯库勒·NATUZZI 开创了一个针对当地市场，生产沙发和手工扶手椅的小
工厂。历经 40 多年发展，NATUZZI 集团已经成为全球沙发业的佼佼者，
生产的沙发和其他家具在销往五大洲 123 个国家和地区，在 1000 多个专
卖店进行销售，有 600 多万个家庭使用，NATUZZI 是意大利最好的家具
生产商之一。

NATUZZI 产品包括沙发、扶手椅、配件产品，都在为顾客提供绝对放松
的享受。几个沙发就可以合并为一张沙发床，为了达到极度的舒适，沙
发都会有一些手动或电动的放松装置。在家庭内，NATUZZI 已成为一种
日常生活用语。

主打产品 | PRODUCT

▲ Agora
Studio Memo

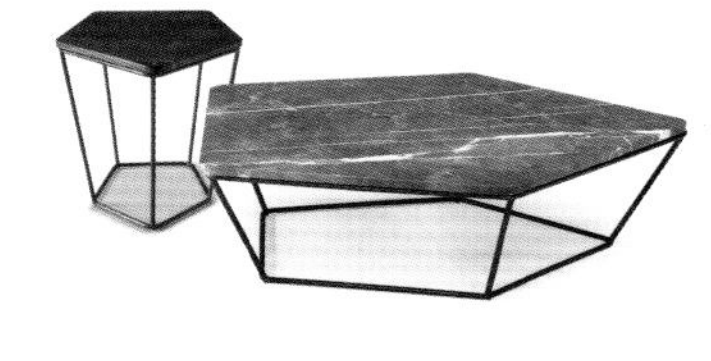

▲ Chocolat

▲ PI GRECO

▲ Herman
Manzoni & Tapinassi

▲ Viaggio

▲ LA SCALA
Claudio Bellini

▲ Platea

▲ Doris
Paola Navone

设计理念 | DESIGN KEY POINTS

NATUZZI 设计中心是一个不断产生设计构想的源泉，有 100 多位家具设
计师、色彩专家、建筑设计师、工程师和室内设计师。在意大利 Colle 的
Santeramo 和米兰的设计中心，这些天才的设计师们将斯库勒·NATUZZI
创造性的设计理念转化为现实。这些具有颠覆性的潮流产品，驱动着全
球的沙发市场，激励着 NATUZZI 设计队伍的伍的创造热情。

每年 NATUZZI 设计中心产生 6000 多份设计草图，每 50 份中有一份能通
过设计评审。一旦被认可，设计方案进入模型制作阶段，以完善成为最
终产品。最后，由各种专业人员对产品进行各项技术指标的反复检验。
这种非常严密和严格的新产品审定，保证了 NATUZZI 产品品质。

产品特点 | FEATURES

NATUZZI 选择世界上最好的皮料，在意大利北部的制革厂进行加工处
理。NATUZZI 希望与环境和平共处，这种传统已经持续了 40 多年，传
统的技术、创新的工艺，确保了 NATUZZI 出品的每一张沙发都是完美的
艺术品。NATUZZI 独有的产品，其梦幻纺织面料是由上等的纱线精制而
成，并有一种很特别的纺织结构。这种结构使得 NATUZZI 的纺织面料具
有不可思议的耐用性，同时还能保持柔软如天鹅绒的触感。

NATUZZI 的产品在环保和自然两个概念上达到空前的和谐、统一。当顾
客购买 NATUZZI 的产品时，获得的将是独一无二的、自然的皮革艺术
品。

展厅代理 | AGENT

专卖店：
Natuzzi Italia 上海文定路专卖店
地址：上海文定路 258 号文定生活家居创意广场 A107-207
NATUZZI(恒隆店)
地址：上海市静安区南京西路 1266 号恒隆广场四层
NATUZZI(红星美凯龙)
地址：上海市闵行区吴中路 1388 号 F1 层
NATUZZI(月星国际家居)
地址：上海市普陀区澳门路 168 号月星(国际家居澳门路店)F1 层
www.natuzzi.com

Minotti

Minotti

品牌简介 | INTRODUCTION

诞生于 1950 年的 Minotti 如今已走过 65 个年头，凭借出色设计及精良品质，Minotti 成为意大利主流设计风尚的代表之一。它注重家具的功能性、实用性以及产品系列的完整性。其中著名的沙发、扶手椅产品系列，造型考究，细节精致，展现出艺术品般的极简奢华，受到众多名流的青睐。此外，Minotti 对于材质、色彩进行的系统化研究和实践，使其每每推出新品的同时，都能为设计界带来最新材质创意方案，这令它的每一季新品都充满活力与惊喜。Minotti 为家具制造提供了优雅而独特的设计典范。品牌特质赋予了新生产品独特的价值，使之成为消费者的必需品、生活伴侣及风格图标。

主打产品 | PRODUCT

▲ Jacob
Rodolfo Dordoni

▲ Pollock
Rodolfo Dordoni

▲ Morgan
Rodolfo Dordoni

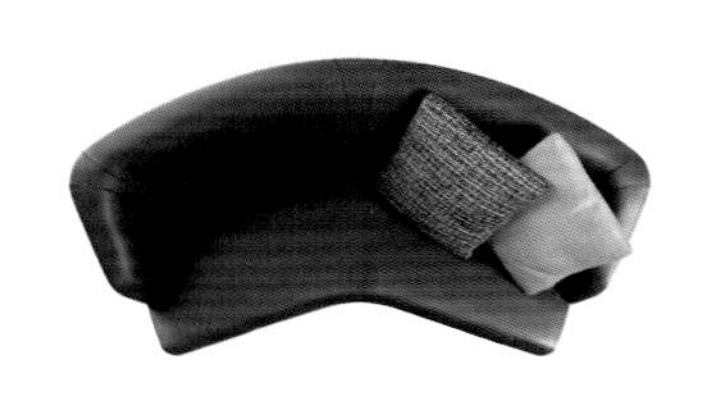

▲ Creed Semi-round Lounge Sofa
Rodolfo Dordoni

▲ Leslie Armchair
Rodolfo Dordoni

▲ Lou
Christophe Delcourt

▲ Colette
Rodolfo Dordoni

▲ Jacques
Rodolfo Dordoni

设计理念 | DESIGN KEY POINTS

Minotti 的设计并不因为时间而褪色，在当今的世界流行趋势中，Minotti 以它的产品形象和外观，为一些先锋人士提供参考流行观点的依据。并与意大利的著名设计师 Rodolfo Dordoni 进行长期合作，Minotti 含蓄内敛、时尚经典的设计注定了它将在家具业享有盛誉。同时悠久的历史使 Minotti 相信设计的灵感不会凭空而来，Minotti 的品位是在将近半个世纪的历史基础上形成的。Minotti 经过岁月的历练，不仅在越来越严酷的市场上确立了牢固的地位，更重要的是它获得了新的经验，进一步提升了产品品质，探寻新方向和新技术，发展已知和未知的材料，创造出一件件富有人文内涵、追求永久的经典之作。

产品特点 | FEATURES

想要解读 Minotti，Allen 沙发就是最好的切入点。沙发线条柔滑、比例绝佳、离地高度及尺寸都恰到好处，在确保不损失沙发整体柔和度和不破坏整体的情况下，将沙发功能发挥得淋漓尽致，这一点尤其表现在扶手的设计上。高高的靠背为坐者的头部和后背提供了全部的支撑；扶手和靠背的内衬垫是模塑的，而可逆坐垫则是由天鹅绒填充；沙发腿是用压铸铝模塑形成。Allen 完美继承了 Minotti 的经典理念。Minotti 的产品均使用顶级的面料，由熟练和高度专业的技术工人制作而成，所有产品都确保独特，只此一件，且为意大利制造。Minotti 的每件产品都附有真品和保修证书，所有授权经营商都可以提供设计、销售和售后服务，且产品不在任何电子商务网站或任何其他网站上销售。

展厅代理 | AGENT

旗舰店
地址：上海黄浦区建国西路 151 号
Minotti By LHC 成都旗舰店
地址：四川省成都市高新区天府大道北段 999 号

www.minotti.com/cn

Busnelli

品牌简介 | INTRODUCTION

Busnelli 生产座椅已经有半个世纪的历史，一直致力于软包家具的
产，每件产品都有 Busnelli 的银色商标。1972 年，Busnelli 搬迁到布
安拉，在其创建了工厂，生产的第一个产品模型得益于当时采用的生产
系和技术，时至今日仍是作为参照的样品。
产品造型新颖、经久耐用，多功能的构造推动了设计史的发展。1970
设计的 Fiocco 和 Libro 两款椅子已经为纽约现代艺术博物馆永久收藏。
Busnelli 一直是同行业的领跑者，采用的是现有技术领域最好的资源，
通过学研中心与建筑师、设计师及专业供应商的合作，Busnelli 能够
期未来的技术解决方案。

主打产品 | PRODUCT

▲ Amouage

▲ Charme

▲ Amouage

▲ Bohémien

▲ Ftb

▲ Manda Wood

▲ Piumotto Ø8

▲ Chicago

设计理念 | DESIGN KEY POINTS

Busnelli 产品很早就融入设计，突破传统的模式，线条更具现代感，
意大利设计的出现和获得肯定作出了贡献。
Busnelli 产品涵盖了所有软包产品系列，其产品的功能优势、节约环
及易于在室内空间摆放的特点已广为人知。每件产品都有两级循环利
的标准，第一级标准是外层包裹部分可拆卸更换；第二级标准是产品
回收用作其他用途。

产品特点 | FEATURES

产品的金属框架，表面涂有防刮痕的环氧树脂涂层，而木质框架有
木、冷杉木、杨木，取材于专门栽培的人工森林。沙发的框架非常
用，材质多为实木、金属、铝合金、胶合板。金属结构部分有环氧树
涂层，底座框架有交叉的弹力带用以支撑坐垫。面料通过多项测试，
中最重要的测试是洗涤之后的褪色测试和缩水测试。每款面料都有注
面料成分和清洁方式的标签。皮料为欧洲天然牛皮，所有皮料都通透
色，柔软而致密。染色及其他工序都完全符合 CEE 标准，不含对人体
害的物质。对每一件产品的裙边处理都特别仔细，剪裁时格外注意（
机器裁割不精细的情况下会进行手工剪裁），接缝处既保持功能性又
重美观。

展厅代理 | AGENT

上海法视界家居平台
地址：上海徐家汇文定创意生活广场 D1-2 层

www.busnelli.it/it/

CHI WING LO

品牌简介 | INTRODUCTION

意大利家具 CHI WING LO 是以建筑师卢志荣的名字命名的品牌，这个品牌的家具是在他的严格指导监督下，在意大利进行设计和制作，他在设计上独特的追求、在工艺上对细节的把控，及在材料选用的创新，为家具创造了新的标准和新的展望。

他对家具设计的爱好和热情成为他的署名，品牌顺势而生，被大众认可 CHI WING LO 家具，设计简洁又多面多能，谨慎却又推陈出新，富裕却又珍贵无瑕，设计和制作能经得起时间的推练，能适应全球各地不同文化背景，在当今瞬息万变的家具潮流中，保持永恒。在日后，整个系列会不断发展出新，包括新款家具、灯具、 配饰、精细配件等，不断地与每个人分享现代生活的价值和远景。

主打产品 | PRODUCT

▲ Deka-Armchair

▲ Simae

▲ Deka-Armchair

▲ Elxi_Love-seat

▲ Mera_Armchair

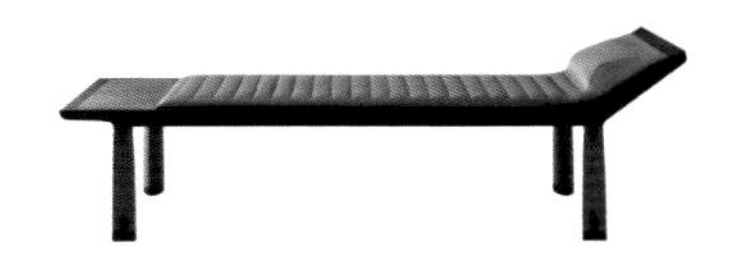

▲ Vasi Backrest chair

▲ Cabinets-avra

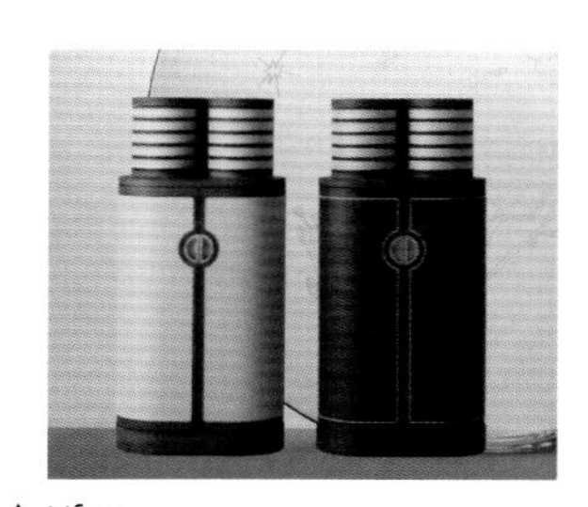

▲ Yfos

设计理念 | DESIGN KEY POINTS

CHI WING LO 一直以对理念的净化、诗意的诠释、细节的关注，备受意大利及国际设计界推崇。试以物品的创作重申永恒、简洁和本质之道，与大家分享融会古今之智慧与感悟，了解其旨在提升生活素养的诉求家具，展示以感恩之心，珍视手作真挚的成果，并予以保存，使之历久弥新与生活息息相关，却应远离趋势洪流的渲染。利用珍贵的资源去调和形式和舒适感、把握科技和人类本能之平衡，追求和创造崭新的突破，让人享受打开一个柜子的喜悦，锻造出耐用、充满恩典的接合，以感性打造出精细光滑的表面，表现出对使用天然材料必要的尊重，CHI WING LO 通过其原创的设计和精湛的制作工艺，以严谨与自信行走于前沿，履行着使命。

产品特点 | FEATURES

重视每一处细节：不同材料的混合、几何形状的拼接、纹理与颜色、空间与维度。所有的作品，包括雕塑、建筑、家具和产品，它们或圆或方、或柔或刚，都必须是谦虚的、安静的，达到一个不可加亦不可减的状况。

CHI WING LO 的作品本身就有一股创造的力量，表达出其不停研发新的技术和改进传统的做法，卢志荣与他爱戴的工匠们以开放的宏观态度探索融汇各种思维，达到理想的成果，更重要的是，以深深的情怀绵延、精进意大利设计和制作之精神实质。

展厅代理 | AGENT

www.chiwinglo.it

GIORGETTI

GIORGETTI

品牌简介 | INTRODUCTION

意大利作为文艺复兴的发源地，浓郁的文化根基及深入人们骨髓的艺术情结赋予了家具源源不断的艺术生命力。GIORGETTI 作为家居设计潮流风向标的意大利家具，也创造了一个又一个的经典奇迹。在传承传统精髓的基础上，跨界整合成为了突破创新、提升核心竞争力的必然选择。作为后现代实木家具的典范 GIORGETTI 品牌，就是跨界的经典代表。该品牌产品品质的上乘，在意大利生产制造，具有的独出心裁而不拘一格的原创设计。不仅如此，GIORGETTI 家具产品的主要采用了实木材质，天然材质通常是产品的内在核心。公司精选优质的材质，并且热衷于采用质感上乘的材质，而这正是每一件家具优异品质的基础，同样也是家具可靠耐用的原因。

主打产品 | PRODUCT

▲ Ala chair

▲ Arabella lourge chair

▲ Baron study chair

▲ Bigwig dining table

▲ Corium bed

▲ Norah lourge chair

▲ Galet tea table

▲ Eva lourge chair

设计理念 | DESIGN KEY POINTS

GIORGETTI 的风格不能简单地归类为“古典”或是“现代”，它是简单朴素的、线性的、一流的、原始的，最重要的是它是不断发展的。从美学理论与功能，到独特的材质选择并关注细节，GIORGETTI 一直演绎着精致与创新，也因此受到世界各地爱好极致品位人士的追捧。

20 世纪 80 年代末，GIORGETTI 处于标志性的转型期间，引进了一些在复兴家具设计中有足够品质理念的天才建筑师，开始着眼于那些积累了近一个世纪的实木家具加工经验的再创造。自此之后， GIORGETTI 因其不拘于“常规木质结构”的颠覆传统设计，成为游走于家具、艺术、建筑、雕刻的跨界新星。

产品特点 | FEATURES

在位于意大利伦巴第的古老木工车间内，枫木、樱桃木、黑檀木、山毛榉木、Pau ferro 巴西斑纹漆木及胡桃木，各种珍稀木材应有尽有，充斥在厂房四周的是木材特有的清新味道。在这些天然原料中，GIORGETTI 将用挑剔的专业眼光，只选择其中最优质的部分，以确保家具的高品质的地位。即使是在生产车间中的喷漆环节，工人们都无需戴口罩，其产品用材的环保性可见一斑。一百多年来，GIORGETTI 凭着对木材的深刻了解，不断挖掘木料的各种艺术潜力，善用木材的物理特性、自然纹理和种类丰富的颜色打造产品。家具制造中所依据的古老传统，引领 GIORGETTI 在每一个要素中寻找美。

展厅代理 | AGENT

福邸国际博展馆

博展馆：杭州飞云江路 9 号赞成中心一层

典集馆：杭州滨江区江南大道 1088 号凡尔赛宫 A103

美学馆：杭州西湖大道 18 号第六空间一层

www.giorgettimilano.it

Baker

品牌简介 | INTRODUCTION

在过去的一个多世纪中，被誉为“奢侈家具之王”的美国家具品牌 Baker 一直被视为优质设计及卓越品质的保证。传统与现代的交织融合让 Baker 家具散发出无穷的魅力，凝固住黄金时代的华美风华，也带来惊喜不断的奇巧新意。百年历史奠定了 Baker 在美国的地位，白宫奥斯卡颁奖典礼的 VIP 休息室、丽思·卡尔顿酒店套房等指定采用 Baker 家具。作为艺术经典的缔造者和极致品位的引领人 Baker 不会去追逐一时的潮流。作为国际奢华品牌的代表，Baker 在跨越世纪的漫长岁月中，以令人惊叹的恒久品质闻名于世。Baker 的诞生与发展充满了一往无前的大胆坚毅，堪称品位与生活的梦想传奇。

主打产品 | PRODUCT

▲ Viridine Round Accent Table

▲ Almandine Sofa

▲ Athens Lounge Chair - Tufted

▲ Carnelian Lounge Chair

▲ Cascade Nesting Tables

▲ Celestite Sofa

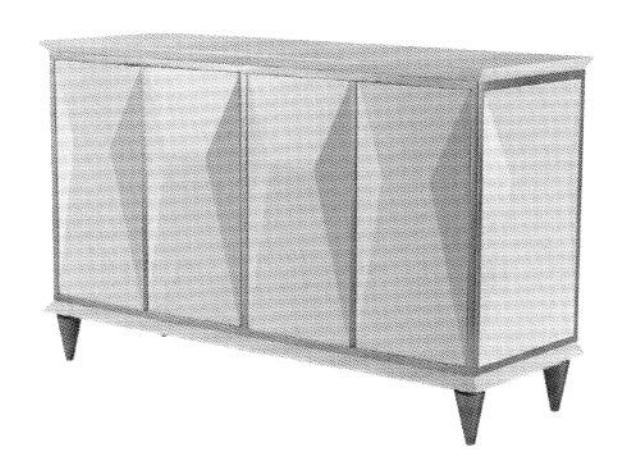

▲ Heliodor Decorative Chest

▲ Tashmarine King Bed

设计理念 | DESIGN KEY POINTS

优秀的设计是精品家具的核心。对于 Baker 而言，这意味着吸纳更多历史时期、更多风格和更多家具流派或艺术运动的智慧结晶。好的设计不仅仅是外表美观、功能齐备，更是人生活中不可或缺的一部分，且应当为用户带来极致、欢乐的宜居体验。不论是对古堡家具的经典再现还是嘉宾设计师们推出的最新设计，每一件 Baker 单品都将传承经典，历久弥新。设计理念应不断适应着人们最新的生活方式，Baker 也将如此。但每一件 Baker 家具都将展现其独特风貌。

一件好的家具，不只是一件平常的生活器物，它同时也是历史文化的浓缩。它可以揭开一段历史、品鉴一种生活、洞悉一种文化。

产品特点 | FEATURES

从雕工繁复、镶嵌精致的古典风格，到线条优雅简单的现代风格，Baker 传承了历代传统手工艺对细节的注重，兼具古典美学的外形和实用的功能。无论是设计还是工艺，欧洲古堡中收藏的顶级家具都经受了历史的考验，但由于古法工艺的逐渐流失和实现难度。当今，也只有被称之为“奢侈家具之王”的 Baker，才能以上品法国胡桃木和乌木等珍稀木材加上多达几十道的雕刻、饰面及打磨工艺，还原出几百年前古堡生活的极致奢华。最精湛的雕刻工艺令 Baker 家具表面体现出变幻纷呈的阴影投射效果；完美的手刨技术则反射出不同深度的木器光泽和细微波动；Baker 还选用传统手工上色法，用小巧的调色板与简单的画笔调出富有艺术气息的色彩。

展厅代理 | AGENT

Baker 经销商

Baker 上海旗舰店

地址：外滩慎昌洋行 (圆明园路 43 号)

www.bakerfurniture.com

Baxter

品牌简介 | INTRODUCTION

以英式古典风格起家的意大利知名家具品牌 Baxter，创立于 1989 年，精工细做的每一件产品中都渗透出超越平凡的真谛。由活跃在欧洲设计界前沿的知名设计师 Paola navone, Draga&Aurel, Plero Lissoni 等携手打造的 Baxter 意大利现代家具品牌，将细节与个性化设计完美融合，采用传统的手工制作工艺，制造出一件件颇具艺术气息、经得起时间考验的高品质家具产品。皮革作为一种天然、高贵和散发着时光气息的材质，一直是 Baxter 的创意主角。柔和的光泽、细腻的手感、舒适的造型，真实还原了每一件皮具产品的自然韵味。精湛的手工技艺加上优良的皮革质感，使 Baxter 当之无愧成为“当代新古典主义”。

主打产品 | PRODUCT

▲ Bauhaus Special Edition Printed

▲ Chester Moon
Paola Navone

▲ Juno
Draga & Aurel

▲ Tactile
Vincenzo De Cotiis

▲ Lagos

▲ Gemma Special Edition
Draga & Aurel

▲ Greta
Draga & Aurel

▲ Innsbruck
Paola Navone

设计理念 | DESIGN KEY POINTS

Baxter 是体现“当代新古典主义”的最好样板，洋溢着打破常规的奇思妙想与无穷的创造力。柔和的色泽、舒适的造型，真正还原了托斯卡纳皮革、马革、鹿革等珍贵皮料的自然韵味。Baxter 家具颜色，鲜艳亮丽、夺人眼球，却又不会孤芳自傲不解风情，而是能和周围的家具协调统一。

华丽、富丽堂皇的皇宫式装修已经不再是现代人所喜欢的，这样的装修，更适用于酒店和会所，私人别墅住宅若是这个样子，自然少了一些温馨，多了一些奢侈在。Baxter 家具的色系在普通人眼中可能是太过于朴实，不过正是这些看似平凡的家具，才能真正称得上低调的奢华。

产品特点 | FEATURES

从 Baxter 是一个以皮革为唯一制作原料的进口家具品牌，这种全面质量管理策略贯穿于整个工业生产步骤，指引其专业方向的深化。BAXTER 确保选用最好的皮料，其定位是做世界上最奢华的手工艺术家具，所以 Baxter 的每一样产品都更像一件值得收藏和拥有的艺术品。Baxter 选用的是最好的皮料，采用传统的纯手工工艺，注意每一个细节，个性化的时尚设计及苛刻的后道甄选程序都确保了 Baxter 产品高贵不凡的品质。从第一道工序，由熟练掌握传统工艺的制皮巧匠开始，皮革以自然的手法精心加工，充分提高皮革内在性能和价值。文化和质量相结合的公司理念，让皮革成为珍贵的原料和 Baxter 家具卓越的象征。

展厅代理 | AGENT

展厅：
帝幔进口家具奢品馆 B 栋一层、五到七层
地址：上海市闵行区吴中路 1265 号（合川路口）

www.baxter.it/en/products

Cassina

品牌简介 | INTRODUCTION

1927 年，以 Cassina 兄弟（Cesare & Umberto Cassina）在意大利米兰成立 Cassina 公司为标志，开始了现代家具的生产历程。

第二次世界大战后，Cassina 公司接受了一系列来自海军军舰、宾馆、饭店和社交活动场所的大型家具订单。当时的特殊环境对家具质量和功能的苛刻要求让 Cassina 长期秉承的质量、耐久、信誉的传统价值观得到充分的体现，并为 Cassina 后来的发展奠定了基础。 在意大利家具设计的潮流中，Cassina 始终是一面旗帜，并形成了以米兰为中心的意大利家具设计和制造的高潮时代。

如今 Cassina 的足迹遍布全世界，拥有多年历史，被誉为“现代家具之王”，是当今世界当之无愧的奢侈品顶级家具品牌。

主打产品 | PRODUCT

▲ Réaction Poétique
Jaime Hayon

▲ Cicognino
Franco Albini

▲ Rio
Charlotte Perriand

▲ Gender
Patricia Urquiola

▲ Cube
Piero Lissoni

▲ 395-396 P22
Patrick Norguet

▲ LC4
Le Corbusier

▲ Lady
Marco Zanuso

设计理念 | DESIGN KEY POINTS

Cassina 公司产品蕴涵了不同的语言和文化，并在风格和材料方面进行了大胆的试验。许多 Cassina 公司的产品在问世之初由于过于前卫而受到业界的质疑。然而，随着时间推移，这些产品最终都为人们所接受，并成为设计的经典之作，与其他产品浑然一体。这也充分体现了 Cassina 在作品选择上的大胆和高瞻远瞩。一批才华横溢的世界级建筑师、设计师加入了，包括 Vico Magistretti、Mario Bellini、Andrea Branzi、Piero Lissoni 和 Philippe Starck，设计了一大批堪称意大利现代家具的巅峰作品。

产品特点 | FEATURES

Cassina 体现了美感与和谐的观念，在这里，手工技艺与创新在前卫冲刺中交汇。产品结构展露出精准的工程机械结构，充满动感而和谐地搭配每一个手势和动作，由线条结构或模块结构构成。独特的覆层主要采用高品质全粒面皮革、珍贵的真皮和典雅剪裁面料，边缘处使用作为 Cassina 品牌特色的双接缝和繁复的针脚，使用梅达制造的经验技艺彰显每一块面料的价值。众多款式展露出经过精心思量的不同彩色表面处理、材质效果和轻盈针脚，以珍贵愉悦的触感和感官享受包裹整个人体。这些构造看上去简单，但却无比复杂，即使是最小的细节也经过精心设计，以定义整体的绝对精准。舒适和完美同时成为 Cassina 品牌的指导原则和风格特色，带来一系列高品质精品沙发。

展厅代理 | AGENT

Cassina 中国首家形象店（北四环居然之家）
地址：北京市朝阳区北四环东路 65 号

www.cassina.com

SMANIA

SMANIA

品牌简介 | INTRODUCTION

SMANIA 成立于 1967 年，由 Alberto 和 Fabrizio 创立，多年以来设计和生产个性化的家具和室内装饰品而著名，他们敢于向日常生活挑战，重视每一个细节。

SMANIA 清楚地知道世界各地的室内文化，这使得设计的家具能保有混合风格的连贯性，注重灯光和色彩的完美平衡，关注细节，以实现特殊的和谐。这是 SMANIA 成为一个不可或缺家具的标志 。通过对过去的回忆和对未来的愿景、技术创新和博物馆的复制品、异想天开的图案和传统的设计，SMANIA 奠定了自己久负盛名的历史地位。

主打产品 | PRODUCT

▲ Loren

▲ William

▲ Amal

▲ Galliano

▲ Corinne

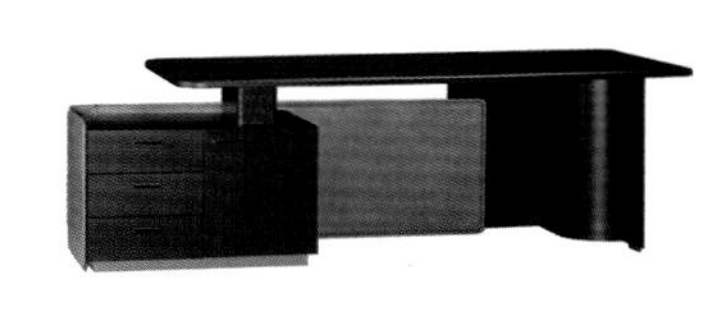

▲ Gramercy 240

▲ Byron Round

▲ Dante

设计理念 | DESIGN KEY POINTS

SMANIA 的设计灵魂是意大利现代设计风格的典范，从形式与特性等方面研究最新的家具材料。在多年参加意大利米兰展的经历中，SMANIA 发现了美国胡桃木、榆木等木材精致的表现力，再与意大利经典的金属与皮革的完美结合，体现意大利著名的现代设计风格，这也便成了 SMANIA 近几十年的发展方向。

产品特点 | FEATURES

追求现代个性化风格的 SMANIA, 通过夸张的木纹、流动的线条、精湛的工艺体现出它非比寻常的魅力。SMANIA 产品从原材料的采购到最后的部件生产与装配的每一个生产环节都有极其严格的要求 , 都由专业工匠亲自完成 , 务求每件产品既符合 SMANIA 的独特美学特质又兼具精湛的工艺水平。丰富的天然木材、精心选择异国单板、沙镶嵌燃烧的枫树根、黄金和珍贵的面料选择，这样的巧妙策划谱写了美丽和优雅的交响乐，每件作品都是一件艺术作品，而不仅仅是一件产品，甚至有了生命，成为具有增值价值的室内收藏品。通过这一切，SMANIA 奠定了自己久负盛名的历史地位。

展厅代理 | AGENT

SMANIA 北京旗舰店
地址：北京市朝阳区北四环东路 65 号家之尊国际馆二层
展厅
珠江新城天銮 A3-3902
地址：广州市天河区临江大道 59 号天銮之 A3-3902
www.smania.it

CENTURY

KOKET

KOKET®
LOVE HAPPENS

品牌简介 | INTRODUCTION

KOKET 是来自美国纽约的知名家具品牌，总是用创意来诠释经典，用华丽和不拘一格的家具来助你打造时尚、自然而又充满神秘色彩的唯美之家。KOKET 广告也是风格独特，无论是在装饰性还是实用性方面都做了最大化的放大效果。KOKET 由 Thru Koket 创立，关于品牌的起源有一个浪漫爱情故事。KOKET 的每一件作品都好像是艺术品，值得所有爱好者与使用者典藏。创始人倾心于室内设计，而她在美洲与欧洲的成长过程，令她对时尚和设计有着不一般的独到见解，因此她特别成立了一个家具品牌 KOKET，以自己独特的设计概念与葡萄牙精湛的手工艺制作相结合，让家具拥有一面如艺术品般的外貌。

主打产品 | PRODUCT

▲ Mademoiselle

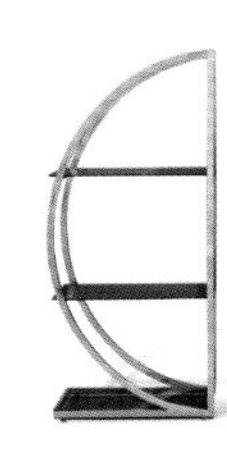

▲ Decadence

▲ Obssedia

▲ Geisha

▲ Millicent

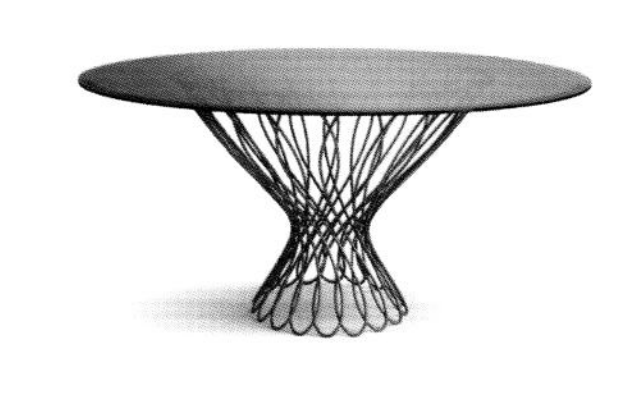

▲ Allure

▲ Audrey

▲ Privê

设计理念 | DESIGN KEY POINTS

KOKET 大胆美观的设计、豪华震撼的产品体验及广为人知的各种广告活动，都在给大众传输着 KOKET 的理念，那就是营造高级奢华的享受体验。设计兼具实用、奢华、舒适更显出使用者华贵的身份。

KOKET 的 Savoire Faire 是一个由一群一丝不苟的大师级艺术家及珠宝工匠创造的产品系列。KOKET 的主要设计师们都拥有卓越不凡的艺术美感。他们在与 Janet 合作中，融合了 Janet 的独特创意及品牌自己的努力，创作出了许多几近完美的作品。

产品特点 | FEATURES

Guilty Pleasures & Exotic Opulence 系列的产品体现了人们对于美的追求，甘愿成为“魅力的俘虏”的一种天性。古典优雅的柜子、丰美的内饰、精致的灯具和皮草再搭配上耀眼的贵金属、充满活力的宝石色和异国情调的孔雀羽毛，足以让人神魂颠倒。

同时 KOKET 的管理团队也是精英云集，室内设计师及奢侈零售店的网络遍及全球，将 KOKET 的魅力哲学传播到世界的每一个地方。

展厅代理 | AGENT

www.bykoket.com

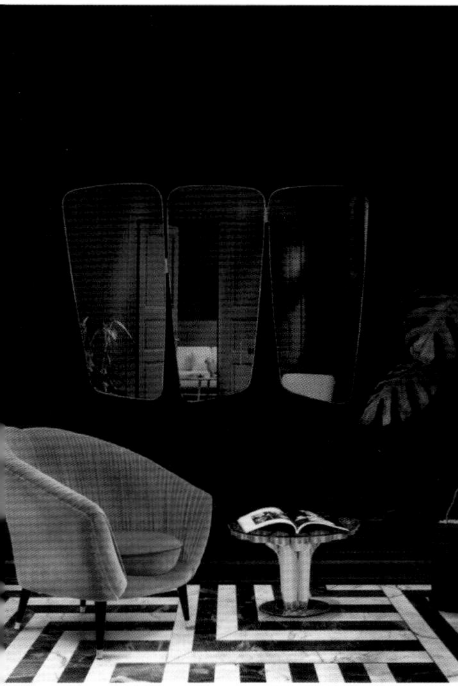

CG

CG
CHRISTOPHER GUY

品牌简介 | INTRODUCTION

CG 由英国当红设计师 Christopher Guy Harrison 所创立，是全球顶级
侈品家居的代表和风格，是知性奢华生活方式的典范，独有的设计理
让 CG 成为众多好莱坞明星及知名设计师热力追捧的品牌和风格。超越
化界限的优雅、精致，和浪漫是品牌的风格特征。
Christopher Guy Harrison 于 2011 年在美国拉斯维加斯获得设计界最
荣誉的 Design Icon 奖。“世界上最优雅的家具”是对 CG 家具品牌一
最精确最完美的描述，作为品牌创始人兼首席设计师，Christopher Gu
Harrison 屡获国际设计大奖殊荣。

主打产品 | PRODUCT

▲ Cambre

▲ Eva

▲ Louboutin

▲ Monte-Carlo

▲ Ensemble

▲ Voltaire

▲ Valentina

▲ Mcqueen

设计理念 | DESIGN KEY POINTS

作为全球顶级家具奢华品牌之一，其设计风格可以定义为“现代和古
的价值”，其特点就是感性、情态和个性兼具，视觉的不妥协和追求
雅感，CG 不断地重新定义设计美学，这也是 CG 的核心哲学。其设
风格融合古典与现代之美，是一种经典价值和现代情感的融合，是对
雅、精致的完美诠释，为世界缔造出一种永恒的美感。
深受法国 20 世纪 30 年代家居设计及世界时尚教主 Coco Chanel 的
响，CG 家居衍化出了以优雅精神为设计理念的灵感源泉，创造出了响
国际的家居系列——Mademoiselle Collection。

产品特点 | FEATURES

完美的设计加上严谨的品质是 CG 的中心思想。对优雅精致的诠释，C
的传世工匠无论是对精细的手工雕刻，还是对风格、轮廓、涂装，以
细节的关注都无与伦比。Christopher Guy Harrison 认为优雅与简约是
界家居的未来趋势，旅居世界各国的经历，激发他创作出一种现代永
的设计语言。而这门独特的语言在 Mademoiselle 系列中展现得淋漓
致。享用 CG 家具是对精致优雅生活方式的推崇和致敬。每一件作品都
由经验丰富的工匠以传统技法手工打造而成，细节设计更是令人惊叹
高度定制化的颜色及涂装让每一件作品都能成为客户的专属设计。

展厅代理 | AGENT

CG 代理芮兹家居
地址：上海市虹桥路 1488 号
展厅：吉盛伟邦家居集团旗下虹桥国际家居中心

www.christopherguy.com

BOCA DO LOBO

品牌简介 | INTRODUCTION

BOCA DO LOBO 来自葡萄牙知名的设计公司 BRABBU, 他们的每一件家具都带有极强的装饰效果，是典型的 Art Deco 新设计风格。BOCA DO LOBO 是一个将家具做成 Art Deco 艺术作品的品牌，其家具都由葡萄牙的工匠倾心打造而成。2005 年才创立的品牌已用它颠覆的设计和精湛的做工赢得了全世界室内设计师们的喜爱。这是一个极富创意的品牌，BOCA DO LOBO 的每一件设计可以说都是精品，每一样家具都带有很强的视觉冲击力，只需在空间中摆放一件，整个空间会大不同。BOCA DO LOBO 家具传承了卓尔不群的情感体验、归属感和心境。通过打造精美家具产品，致力于提供精美家具来为客户提供良好的感官体验。

主打产品 | PRODUCT

▲ Pixel

▲ Eden

▲ Fortuna

▲ Heritage

▲ Lapiaz

▲ Newton

▲ Sinuous

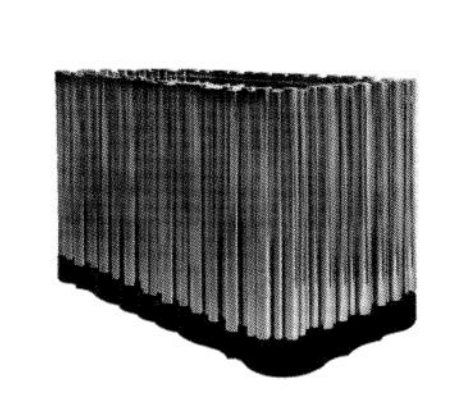

▲ Symphony

设计理念 | DESIGN KEY POINTS

葡萄牙产品设计机构 BOCA DO LOBO 能将传统的工艺和文化历史与现代设计结合得尽善尽美，将每一件创作的家具以更富艺术感的外观展现出来，令其显出与众不同的风采，BOCA DO LOBO 通过传统手工艺与现代的设计要素结合，打造出无数件令人瞩目的作品。其迷幻魅力和独树一帜的工艺，这都融入了闪亮的品牌标志，体现了颇具历史感的现代性。情感是我们日常生活中的关键元素。BOCA DO LOBO 团队一直致力于分享设计和创造家居艺术的专业知识，采用名贵木材的传统、以多年的智慧和阅历来研发家具产品的艺术工匠们，展示着他们对所从事艺术工作的热爱和奉献。

产品特点 | FEATURES

毋庸置疑，我们的设计师在研发家具产品方面才华横溢融入更多的人文情感，这就更能激发用户的情感共鸣。

BOCA DO LOBO 家具产品独具情感体验、归属感和心境，BOCA DO LOBO 的设计师用智慧来打造家居产品，并能够激发忠实用户的情感共鸣。BOCA DO LOBO 走在设计与艺术的前沿，提供产品时绝不会忽视任何的细枝末节。每件家具产品都会将你带入乐在其中的愉悦之旅，将你带到前所未至的远方；同样还是一段前往 BOCA DO LOBO 情感世界的旅行。

展厅代理 | AGENT

www.bocadolobo.com

Fritz Hansen

REPUBLIC OF **Fritz Hansen**®

品牌简介 | INTRODUCTION

丹麦家具 Fritz Hansen 品牌由远见卓识的同名同姓的细工木匠于 1872 年创立。从那时起，Fritz Hansen 就自然而然地成为丹麦和国际设计史中不可或缺的一部分。如今，它已成为一个卓尔不群的国际设计品牌。Fritz Hansen 的历史特色为惊人的工艺、独特的设计和丰富的内涵。全球各地的领先建构师和家具设计师，经常会用形态优美的和功能强大的家具产品来丰富公司的产品系列，也会运用了创新技术和新型材质。Arne Jacobsen、Poul Kjærholm、Piet Hein、Vico Magistretti、Burkhard Vogtherr、Piero Lissoni、Kasper Salto 和 Morten Voss，名单上的设计师名称不胜枚举，经典而闻名世界的家具产品更是数不胜数。

主打产品 | PRODUCT

▲ Drop
Arne Jacobsen

▲ Favn
Jamie Hayon

▲ Ant
Arne Jacobsen

▲ Egg
Arne Jacobsen

▲ Swan Sofa
Arne Jacobsen

▲ Tray Table
Fritz Hansen

▲ Ro
Jamie Hayon

▲ Series 7
Arne Jacobsen

设计理念 | DESIGN KEY POINTS

Fritz Hansen 的设计核心包括：永恒、纯真、原创、雕工四项要点，说明设计所寻找的是永久的革新和对于时间的定义，并非一味地追逐潮流。设计是力求达到身心的平衡，回归最纯粹真实之美的状态。将无可比拟的独特性、创新性，如同绝佳的艺术雕塑，透过视觉感官上的刺激，用其极简风的极致质感、细微地表现设计，使 Fritz Hansen 至今仍是欧洲设计的指标。Poul Kjærholm 的个人设计风格和他对极简主义的坚持，使他的作品成为一种历久弥新的设计时尚。Fritz Hansen 的设计注重吸收传统元素，从传统工艺中寻求与当代家居的碰撞和融合，并重视本地自然材料的运用，从而制作出具有工艺美的当代家具。

产品特点 | FEATURES

每一处细节都精雕细琢，每一道程序都十分考究，每一处装饰都是外观的一部分，这些设计都独出心裁、清晰可辨。Fritz Hansen 整体风格偏向国际化并超然物外。每一件家具产品都匠心独运、美轮美奂，具有极高的辨识度，并能够点缀任何类型的空间设计。这种家具适用于现代城市居民和国际公司，这些用户对优雅充满自信，轻描淡写了能强化其品牌形象的奢华和欲望。那些做出郑重声明的用户，将会拥有一切。人道主义的设计思想、功能主义的设计方法、传统工艺与现代技术的结合、宁静自然的北欧生活方式等都是影响家具设计的重要因素，将德国的崇尚实用功能理念和丹麦本土的传统工艺相结合，富有人情味的设计使得它探索出一套独特的现代主义设计风格。

展厅代理 | AGENT

展厅：
帝幔进口家具精选馆四层
地址：上海市闵行区吴中路 1265 号（合川路口）

fritzhansen.com/en/

LOUISIANA

roberto cavalli

品牌简介 | INTRODUCTION

roberto cavalli 是由意大利顶尖设计师 Roberto Cavalli 创立的同名家居品牌。在 2012 年创立之初，品牌凭借奢华狂热的设计特色和坚持创新的品牌哲学惊艳世人，更因独树一帜的设计风格，早已成为全球家居界的至高标杆。2012 年 roberto cavalli 在米兰国际家具展上推出家居系列，正式进军家居领域。其家居设计承袭时装精髓，运用经典动物图纹元素展现一贯张扬的性格，采用织锦缎、丝绒绸缎、皮草、宝石水晶等材质，结合浪漫与狂野、尊贵与不羁，延续时装系列在印花与拼接上的设计理念和精湛工艺，不断突破与创新，散发时尚优雅却大胆张扬的气质。

主打产品 | PRODUCT

▲ Sharpei

▲ Wings Armchair

▲ Springs

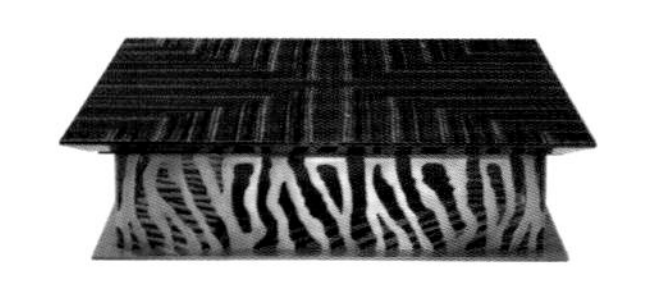

▲ B-52

▲ Manhattan Round

▲ Sharpei

▲ Grace Bed

▲ B-52

设计理念 | DESIGN KEY POINTS

在材质方面则极尽优选，以百分百的“任性”设计，用意大利人的思维将优雅与艺术完美地结合在一起，展现尊贵感。roberto cavalli 在整体设计上创造了一个独特的自然世界。这个世界完全没有腼腆，也绝不可能屈就于主流日常，作为开创皮革等各类面料的拼接及印染工艺、人体彩绘艺术的第一人，roberto cavalli 在家具设计中，将以上的特色工艺升华。创新多维的设计及材质与工艺的突破，在自然主义的清风中再次升格 roberto cavalli 家居系列特有的狂野与奢华。

奢侈品牌跨界家具已是屡见不鲜，因其时尚理念、杰出设计成为家居界的新兴势力而备受关注。

产品特点 | FEATURES

Rroberto cavalli 室内家居的奢华是独特而又厚重的，不同于繁复的古典华丽，也不是玲珑剔透的轻奢，而是两种特性浑然一体。皮革、皮草、织锦等风格迥异材质的组合，将绚丽的花卉作为主题素材，再以黄晶玉、葡萄酒红、宝蓝色等斑斓色彩搭配，交织成异常多姿的图案。浓烈的色彩经由高超的设计调和，显得奔放热烈、赏心悦目。

2017 年，roberto cavalli 室内家居在细节和整体空间的设计上，更加重金属的处理，不仅彰显了现代华贵，更通过金属镜面无限延伸空间，结合光影、折射、反射的效果，巧妙地营造出极具个性色彩的情感空间。

展厅代理 | AGENT

展厅：

帝幔进口家具精选馆六层

地址：上海市闵行区吴中路 1265 号（合川路口）

www.robertocavalli.com

TURRI

品牌简介 | INTRODUCTION

“将奢华存在于古典和现代之中”—— 这是 1925 年，意大利人 Pietro TURRI 的一个伟大构想。正是这样的坚持，成就了 TURRI 这个领军国际家具界半个多世纪的品牌。自从 1925 年以来，当第--件家具产品离开 PIETRO TURRI 的生产厂房时，马上就因其优异品质而备受欢迎。

TURRI 擅长皮革制作和木质装饰手工制作。TURRI 的产品丰富，能满足各类客户需求。TURRI 还提供整体家居空间，吊顶、木质饰面、门、大理石等的个性定制。其品质已受到了知名酒店、名人住宅、豪华游艇的追捧。以新巴洛克式为基调的 TURRI，经过将近一个世纪的不断成长，已经开发了一系列不同风格的家具产品，并在国际奢华家具行业市场上立有一席之地，并受到了全球各界人士和名流的关注与青睐。

主打产品 | PRODUCT

▲ Noir Armchair

▲ Audrey
Andrea Bonini

▲ Madison

▲ Noir Table

▲ Madison

▲ Madison

▲ ORION

▲ Numero Tre

设计理念 | DESIGN KEY POINTS

这一意大利家居品牌，凭借其独特的风格、奢华的装饰及多变的线条呈现家居华丽典雅而富有起伏的气韵，复古和简约、艺术和科技被巧妙地融为一体，正如 TURRI 的第二代家族成员 Andrea Turri 所说：“和谐才是高尚的生活艺术”。自欧洲传统古典风格撷取创作之灵感，用意大利奢华精神将恪守纯手工原创和掌控时尚脉络紧密串联，形成 TURRI 高贵雅致、奢华与舒适并存的整体家具风貌。

TURRI 的今天就是因为它把经典风格作为一种传统，甚至是一种哲学理念。从 1925 年生产的第一件柜子直到现在的所有家具，TURRI 家具在制作时，都坚持三个基础的概念：新颖、可靠、唯一。

产品特点 | FEATURES

TURRI 的整体家居产品不仅在设计上考究，同样也在做工和选材上非常考究，其特有的工艺在于：选用高档、优质的木材，如樱桃木、核桃木、打造出独特的流线型木结构；选用优等的皮革（如鳄鱼皮），配以精致的手工缝制技艺，呈现出高贵的品质；钢琴烤漆的表层，光滑亮丽，更突显出了 TURRI 的质感；辅以自 19 世纪流传至今的仿古金箔贴法，营造出皇宫般富丽堂皇的家居体验。TURRI 由于其对产品细节和品质的精益求精，以及对经典的执著追求而蜚声国际。家具的木框以珍贵的白杨木制作，辅以自 19 世纪流传至今的仿古金箔贴法，将传统与现代融入到奢华的生活文化中，风格独具，备受上层人士的追捧。

展厅代理 | AGENT

www.turri.it

MAXALTO

主打产品 | PRODUCT

▲ Astrum
Antonio Citterio

▲ Febo 2014
Antonio Citterio

▲ Fulgens
Antonio Citterio

▲ Febo
Antonio Citterio

▲ Talamo
Antonio Citterio

▲ Febo BERGERE
Antonio Citterio

▲ Max
Antonio Citterio

▲ Pathos 2013
Antonio Citterio

品牌简介 | INTRODUCTION

MAXALTO 是 20 世纪 70 年代诞生的 B&B Italia 旗下独立品牌。公司正式成立于 1975 年，以木制家具的一流制作工艺闻名于世。产品风格倾向于第二次世界大战时期的法国典型家具设计风格和形式，追求完美的比例划分、木制材料的细腻感触及对细节的把握。秉承 B&B Italia 的精髓，近年来它在全世界的发展越来越具影响。这个品牌主要由著名设计师 Antonio Citterio 负责设计和营运。MAXALTO 系列产品结合了尖端工艺和最新技术，有效地定义了当代审美趋势。创立伊始 MAXALTO 就确立了品牌的发展方向——运用传统手工技艺，用卓越的风格诠释木材，营造高品质的生活居家氛围，实现“超越永恒”的现代经典。 MAXALTO 在旗下设计师的共同努力下，一路扎实地走来。

设计理念 | DESIGN KEY POINTS

MAXALTO 的产品整体风格沉稳、大气，从早期的 Afra 和 Tobia Scarp 开始，MAXALTO 的设计师们就一直坚持从古老的风格中寻找灵感，从近乎失传的传统木工技术中吸取经验。木材是 MAXALTO 表达作品内在情感的最主要的元素。MAXALTO 这个品牌和其设计师，在设计理念上。就像这个品牌的原意一样，最高级的是比例上不断的权衡。是色彩，体现人生大部分生命中的状态的色调，给生活中带来的沉稳和细腻，使一切井然有序，对于形态表现上，MAXALTO 的设计和整体让人感觉惬意而且很舒适，贵气被压得很低，同时对生活的诠释无比经典，从这个形态中就能看出来。

产品特点 | FEATURES

MAXALTO 不计其数的作品中，完美的比例、木材坚实的触感及耐人寻味的细节，是始终贯穿作品的内在情感。面对高深莫测的传统技艺和日新月异的现代技术，MAXALTO 找到了一条完美的融合之路。在形式上一再推敲，在比例上不断权衡，最终出来的每一件作品（不论使用橡木还是鸡翅木，不管是以中国古老手工技艺涂刷的亮面清漆，还是各种老道的家具做旧处理），都能完美呈现其特有的优雅、温馨气质。沙发和扶手椅流畅的线条，却不失实用、舒适；赏心悦目的睡床既舒适，亦充满了温柔细腻的生活触感；桌子和灯饰渗出经典味道，却不失品牌一贯的当代风格；线条简单而手工精细的摆设及墙壁设计，为整个系列增添了不同的色彩和质感，令其更精彩迷人。

展厅代理 | AGENT

展厅：
吉盛伟邦上海虹桥国际家具博览中心
杭州大厦 的杭州 MAXALTO 杭州史毕嘉国际家居馆

专卖店：
宁波和义大道购物中心 MAXALTO 品牌专营店
地址：宁波市海曙区和义路 66 号和义大道购物中心

www.bebitalia.com/en/maxalto

mooi

品牌简介 | INTRODUCTION

荷兰著名设计品牌 moooi 的名字，来自于荷兰语的“mooi”（意为美丽），多加了一个字母 o，意思是再多加一分美丽。

最初创办 moooi 的目的，是为富有创造力的设计师们提供一个具有逻辑性思考的地点，因为工业设计的作品必须经过与制造商的细致沟通、技术协调与磨练，才能真正变成可生产的产品。于是，moooi 这样一个探索个别设计与大量制造产品的实验所就应运而生。而如今，moooi 品牌已经不仅仅是一个家居用品生产商，它已经成为一种风格的代表，引领着最具创造性的流行时尚。moooi 的涉猎范围涵盖了家居的方方面面，所有产品经过设计师之手均变得与众不同。

主打产品 | PRODUCT

▲ Cloud Sofa
Marcel Wanders

▲ Elements 006
Jaime Hayón

▲ Charleston Chair
Marcel Wanders

▲ Pig Table
Sofia Lagerkvist

▲ Elements 002
Jaime Hayón

▲ Chess Table
Sofia Lagerkvist

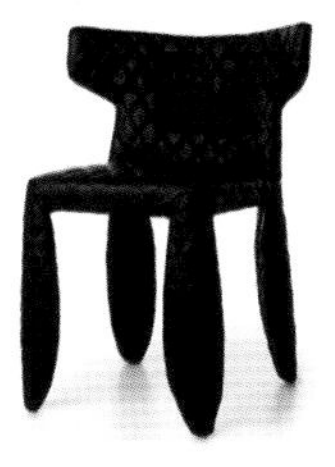

▲ Monster Chair
Marcel Wanders

▲ Zio Dining Table
Marcel Wanders

设计理念 | DESIGN KEY POINTS

moooi 产品系列的风格独特而大胆、活泼而细腻，设计师坚信设计是一种热爱。产品永恒的美感拥有独特的古典特质，并融合了现代的时尚感。这种融合使品牌专注于明星产品的生产制造。

moooi 设计独树一帜地融合了照明、家具和配套附件产品，这在日常起居的室内空间展现得淋漓尽致，moooi 以各种图案和颜色来装饰的内部环境来适应各种不同风格的空间，并使不同年龄、不同文化和不同性格的人们爱上自己的家居环境。

“我们都是独立的，我们又是一个大家庭。”这是 moooi 设计师的经典格言。moooi 的每一位设计师，一直坚持着这种理念，通过个性的创造与世界进行不断地沟通和对话。

产品特点 | FEATURES

moooi 的涉猎范围涵盖了家居的方方面面，所有产品经过设计师之手均变得与众不同。将雕塑与家居用品完美合一，突显了现代感和大气。在 moooi 的设计中，人始终是核心因素，设计师渴望在功能性之外，创造艺术氛围。人的性格、品位、喜好和感情，都完美地展现在每一件产品中。选择不同的产品，可以展示出每一个人内心的不同侧面，每一种选择都是一个全新的自己。让使用的人除了享受 moooi 家具的功能性之外，也同时在消费一个观念，一种艺术。旗下设计师擅长运用新科技，来表达与众不同的概念，使得平常居家饰品，除了满足生活所需，更难能可贵拥有为主人品位加分的艺术质感。

展厅代理 | AGENT

展厅：
moooi 史毕嘉国际家居馆
地址：杭州市下城区杭城武林广场

www.moooi.com

RIVA 1920

品牌简介 | INTRODUCTION

RIVA 1920 是意大利一家致力于高端手工原木家具的制造商，一直对原木家具保持专注和执着，品牌践行维护自然，除了选择 FSC 认证的胡桃木、橡木外，也曾不惜耗费巨资远赴新西兰北方开采侏罗纪时期封存地层地下的万年原木，并慧眼独具地采用威尼斯独有 Briccole 船桩橡木作为原材料进行设计创作。RIVA 1920 生产原木家具精湛的工艺及创新的设计理念一代一代传承，为此呈现出一件又一件朴实无华的惊世之作。它简单的造型中不乏新鲜的创意， 不加任何装饰的表面却倍感自然与亲切，每一件设计作品总能俘获大多数热爱绿色设计的人的身心。家族世代传承至今已有超过一百年接触原木的经验，每位传人皆致力于原木家具的设计与生产，用设计帮助收藏者看到原木最珍贵的一面。

主打产品 | PRODUCT

▲ Earth

▲ Patmos

▲ Torre Lignea

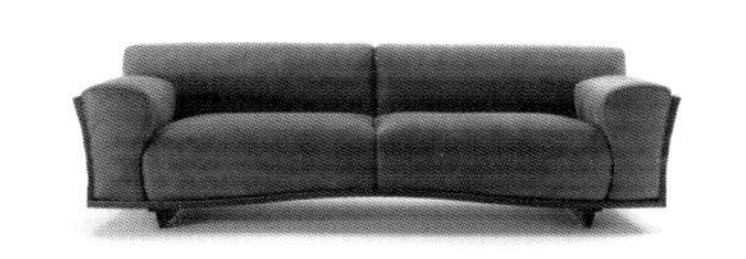

▲ Nudo

▲ Fur Nature

▲ Bever

▲ Bungalow Dining Chair

▲ Wilma Armrests

设计理念 | DESIGN KEY POINTS

RIVA 1920 的家居理念是打造一个关注环境及人类健康的自然生活循环系统。这个基本理念贯穿到生产的各个环节，家具生产所用实木全部来自被 Smart-Wood 认证为供应商的美国木材；采用品质最优良的森林树木的心材部位，并结合其自然形成的纹理，为室内家具带来天然气息，家具表面处理只采用最健康环保的自然油蜡。虽然今日科技日新月异，新型设备不断推陈出新，使实木家具生产不若过去困难，但 RIVA1920 仍然秉持前人精神，诚挚且衷心地对待每件家具与每位收藏者。选择设计师也是反复斟酌，无论作品出自何人，都秉持以最简约的设计，将不同树种独一无二的纹路、温润质感展现于收藏者面前。

产品特点 | FEATURES

对原材料品质的研发在整个生成过程链条中得到了体现，从金属底座到五金器件，再到皮革和纺织面料，都有丰富的颜色可供选择。每一处细节都经受了细致的测试，来验证品质和功能，并使用了乙烯基胶，还装饰以油质和天然蜡，来确保百分之百的天然。RIVA 1920 的产品使用木艺传统的专业化工艺，这都得益于聘请了智慧的工匠师傅并运用了先进的技术工艺。该品牌对工艺的要求使得产品有了极高的品质和卓尔不群的特征，更为容易的适应客户定制产品的需求。为了尊重原创设计，最终产品会经受一种功能性测试和外观美感协调性的分析。通过一些对家具产品的拆解，展示显示其内在品质，这是特意对家具产品进行的拆卸装配，也是为了展示家具产品的“灵魂品质”。

展厅代理 | AGENT

展厅：

艾度巨迪家居

地址：长沙市芙蓉区百纳中心

www.riva1920.it

vitra

vitra.

品牌简介 | INTRODUCTION

vitra 是一家瑞士公司，专注于通过设计来提升家居、办公室和公共场所的环境品质。

vitra 的产品和概念诞生于一个严谨的设计过程，完美融合了卓越工艺和国际顶尖设计师的创新才华。研发既有实用性又有设计性的内部装潢、家具产品和饰品，一直都是 vitra 的终极目标。材质、构造与美感的持久性是 vitra 的首要原则。vitra 不仅仅将设计师看做合作方，更将其视作创作者。这些来自世界各地的创作者们，加入与他们共享雄心壮志的 vitra，彼此之间的信任感，一直在产品研发过程中处于核心地位。精诚合作一直都是艺术自由、产品工艺和专业知识的巧妙结合，这种哲学理念已经塑造了 vitra 品牌文化。

主打产品 | PRODUCT

▲ Heart Cone Chair
Verner Panton

▲ Panton Chair
Verner Panton

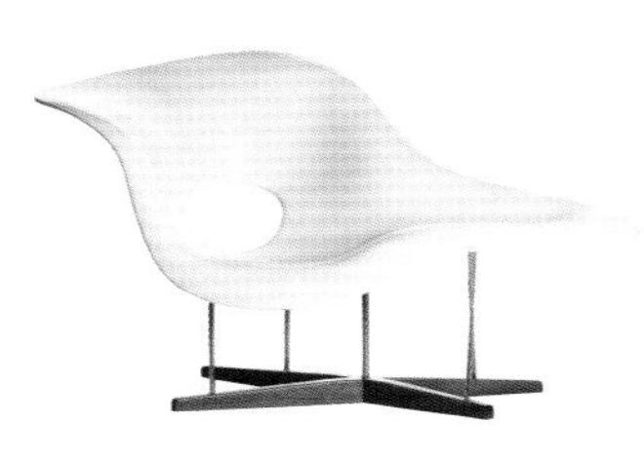

▲ La Chaise
Charles Eames

▲ Standard
Jean Prouvé

▲ Dar
Charles Eames

▲ Repos & Ottoman
Antonio Citterio

▲ Coffee Table
Isamu Noguchi

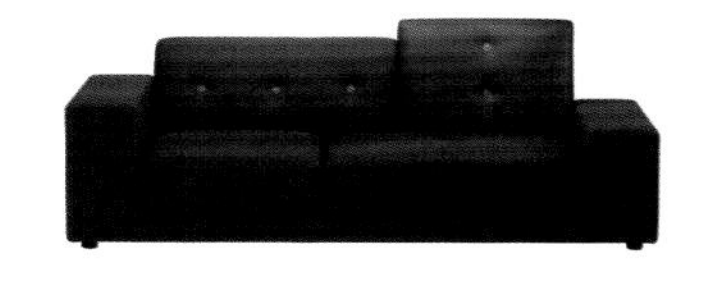

▲ POLDER COMPACT
Hella Jongerius

设计理念 | DESIGN KEY POINTS

vitra 相信空间与室内设计对人的动机、表现与健康有决定性的影响，所以设计除了要能激励人心、激发创意外，更要提供身体舒适的稳定支撑性与安全性。今日 vitra 与全球各地的顶尖设计师 Verner Panton、Jasper Morrison、Mario Bellini、Marcel Wanders、Ronan and Erwan Bouroullec 等继续合作，发展安全舒适同时又能启发新意的居家空间。vitra 的目标是创造既美观又极富功能性的室内设计、家具以及装饰品。经过环环紧扣的设计过程，汇聚了专业而卓越的制作工艺和国际领先的设计师的创新精神。

产品特点 | FEATURES

vitra 公司不仅制造家具，还制造了文化，所以 vitra 在现代家具设计工业中占有举足轻重的地位，创造出带有强烈独特风格的设计并引领设计潮流。不仅如此，这些“Designer Chair”还是有血统的艺术品。它们凝结了一个时代的艺术特征，体现了设计大师们对空间的把握，对建筑与自然关系的认识，既是历史的、艺术的，又是个人的。

展厅代理 | AGENT

www.vitra.com/en-as/home

Casamilano

Casamilano

品牌简介 | INTRODUCTION

意大利家居品牌 Casamilano 由 Anna Carlo 和 Elena Turati 携手创立于 1998 年，其品牌理念在于打造具备国际视野的家居项目。

Casamilano 一直专注于生态保护，木质工艺是产品的基础，该品牌的每一件产品都经过足量的质量检测程序，来确保始终如一的质量标准。

Casamilano 在确保家具至臻品质的前提下，生产过程具有高度环保性，且其产品全部产自于意大利。

除此之外，Casamilano 依据项目设计方案，提出私人专属定制方案，使用的原材料均品质上乘。

Casamilano 与国际知名设计师合作，其独特的项目作品很符合当下的主流风格。

主打产品 | PRODUCT

▲ Atlantetav
Massimiliano Raggi

▲ Charlotte
Castello L

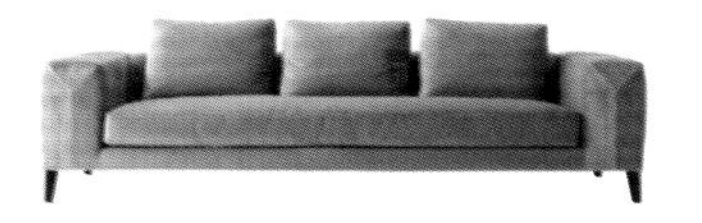

▲ Hamptons
Castello L

▲ Plaza
Paola Navone

▲ Liz
Roberto Lazzeroni

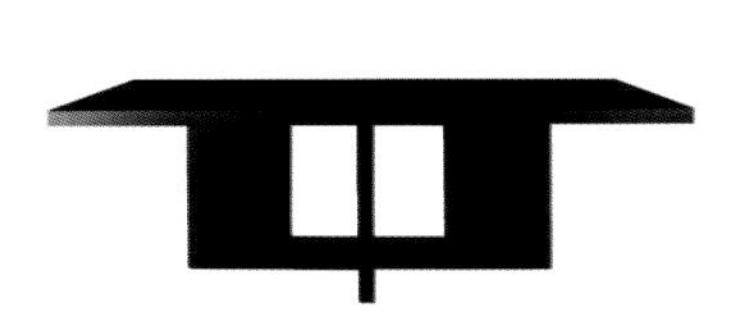

▲ Tokio
Roberto Lazzeron

▲ Royale Capitone
Castello L

▲ Vanity Hyatt Shard
Massimiliano Raggi

设计理念 | DESIGN KEY POINTS

品牌以打造具备国际视野的家居项目为理念，Casamilano 的目标一直都是确保至臻品质和高度的环保性。Casamilano 一直都专注于生态保护，其生产过程具有高度的环保性，并能够打造出对环境影响最小的环保产品。产品生产中使用的木质材料，也全都来源于人工造林项目，实现保护自然资源的目的。Casamilano 的整个生产过程都体现了这种环保理念，并确保了在每一个生产阶段都能够对产品品质进行严格而精确的控制。原材料和所有部件都经过精挑细选，以适应国内外市场家具行业的法律法规。

产品特点 | FEATURES

Casamilano 集合优雅的设计和功能。混合材料的细节处理和保健功能的运用，对当代家居产生独特的影响。干净的线条采用乌木材料、橡木、白蜡木，以及镀铬钢、铜、铝的融合；在材料和工艺方面独特的处理，做到了独一无二。

展厅代理 | AGENT

www.casamilanohome.com/zh/

LILLIAN BASSMAN WOMEN

LONGHI

品牌简介 | INTRODUCTION

LONGHI 于 1940 年在帕尔马创立，生产具有创意设计的高品质家具产品，在意大利家新古典具品牌中以华丽、优雅而闻名。

LONGHI 的产品一共分为四个系列，分别是 LOVELUXE、IN&OUT、ALUMINIUM CHIC 和 COMPLEMENTI，产品涵盖整个家居空间全部家具。LONGHI 对产品设计和产品细节要求极高，各种材质如大理石、金属、皮革或布艺，LONGHI 都能让它们完美结合成家具产品。

LONGHI 有自己的智慧设计体系，从不盲目随波逐流，骨子里有着逼人的贵气与气质。这种不张扬的华丽、内敛的气度使它深受世界各地新贵们的青睐。

主打产品 | PRODUCT

▲ Ansel

▲ Frances
Giuseppe Viganò

▲ Andy
Giuseppe Viganò

▲ Manfred
Giuseppe Iasparra

▲ Lonely
Giuseppe Viganò

▲ Tschubert
Giuseppe Viganò

▲ Manfred
Giuseppe Iasparra

▲ Grace
Giuseppe Viganò

设计理念 | DESIGN KEY POINTS

由 LONGHI 出品的产品自然地展现出意大利制造的高质量。用热情和智慧创造、持续研发材料、布料及制作工艺，所有的一切旨在生产历久弥新的产品。精致的家具用来诠释专属的情境。珍贵材质和眩目装饰，通过丰富和魅力展现限量版风格。LONGHI 所有产品都是手工制作并且提供特殊定制产品。所有的产品都是原汁原味的意大利制造。它的线条简约、流畅，色彩上面对比强烈。但是简约不等于简单，它是经过深思熟虑后创新得出的设计和思路的延展。

产品特点 | FEATURES

LONGHI 非常善于不同材质的混搭，大量使用华美的大理石、金属、牛皮和布料等价值感极强的材质，以突显名贵和高雅，对各种不同材质观察细致入微，搭配审美之超然，材质选择使用之独特，整个工艺生产早已堪称艺术。犹如天才的指挥家，将那些原本冰冷独立的属性，巧妙地结合成优美的“乐章"。

LONGHI 旨在强调精湛的手工艺，并将这些技艺传承与发扬光大，从而制作出更多更好的产品。LONGHI 始终强调极致的工艺、稀有的材质和对细节的注重，这也成为 LONGHI 实力的保证。在过去的几十年中，LONGHI 以华丽极致的生活美学、名贵奢华的上乘材质和精致考究的手工技艺，吸引了全球高端客户最挑剔的目光。

展厅代理 | AGENT

代理：天一美家集团
www.longhi.it

Vittoria Frigerio

品牌简介 | INTRODUCTION

Vittoria Frigerio 是专业生产家具装饰用品的家族企业。该公司的产品富有创新的设计理念，采用精湛的生产工艺和精美的原材料。除此之外，Vittoria Frigerio 投入巨大的资源用于研发和测试更加持久耐用、抗压性更好、紧跟时尚潮流的原材料。最终呈现给用户一个将功效、现代设计与古典元素完美结合的个人家具系列。其产品，如扶手椅、组合式沙发、小桌子和其他配饰，都深受高端现代居家消费者喜爱。

拥有百年历史的意大利高端家居品牌 Vittoria Frigerio 前身是一家向意大利上流社会供应高级牛皮定制品的手工皮具作坊。意大利 Vittoria Frigerio 以选用阿尔卑斯山脚下的顶级小牛皮制作高端家具而闻名。在豪宅软装中，擅长运用层次感的高级灰营造非凡的气质家居氛围。

主打产品 | PRODUCT

▲ Adda Capitonné

▲ Caracciolo

▲ Contarini Sideboard

▲ Corio

▲ Piola Bergere Capitonné

▲ Poggi Capitonné

▲ Durini

▲ Dona

设计理念 | DESIGN KEY POINTS

Vittoria Frigerio 的每一个设计，都从美学、建筑学、人体工程学，以及功能性与实用性等全方位考量，在力求达到品位不俗的装饰效果的同时，让用户能感受到最大的舒适度。自创立以来，Vittoria Frigerio 就一直深受高端现代用户的喜爱。其产品风格冷静而优雅，夹杂着一丝后现代哥特风，有种隐隐的颓废气息，能够引起很大一部分年轻群体的共鸣。不多加装饰的整体造型和布局宽广、大气，即使在暗色调的搭配下也不觉得压抑，反而令人心中开阔，这就是 Vittoria Frigerio 品牌的价值所在——冷静而温和，含蓄而坚韧。

产品特点 | FEATURES

Vittoria Frigerio 的用料选材极其广泛，从兽皮、羽毛、纺织品到投入巨资研发更加持久耐用的高新材料，只为确保带给每位用户独特的感官享受，满足用户不同的审美品位、个性化装饰需求及实用功能需求。

Vittoria Frigerio 家居产品中随处可见精巧细致的皮具体现了其对手工技艺的专注与完美的不懈追求。

Vittoria Frigerio 在致力于发扬工匠精神的同时，更是在追求更高品质的居家生活。承袭于历史，以现代和豪华的风格诠释，运用了苛刻的审美观，以完美的创造手法来生产制作。Vittoria Frigerio 的产品是手工艺和高品质的最佳结合。

展厅代理 | AGENT

www.vittoriafrigerio.it

Gallotti&Redice

Gallotti&Radice

品牌简介 | INTRODUCTION

Gallotti & Radice 是意大利第一家实验与推广玻璃制家具的厂商，除了高纯度和优雅的玻璃主体之外，Gallotti & Radic 更重视玻璃与木、不锈钢、铝等多种材料的完美结合。

融合摩登优雅设计感及现代奢华风格的 Gallotti & Radice，在八十多年的时间里，始终以激情、爱、对原材料的尊重及永无止境的好奇心，创造出极富创意与实用的艺术家具，达到愉悦的视觉冲击，并精准地表达其高超的手工艺、复杂工序及独一无二的家具特色。Gallotti & Radice 所演绎的高品质、重细节的意式轻奢生活态度，广受年轻的消费族群喜爱。

主打产品 | PRODUCT

▲ Dama
Studio G&R

▲ Haumea
Massimo Castagna

▲ 0417

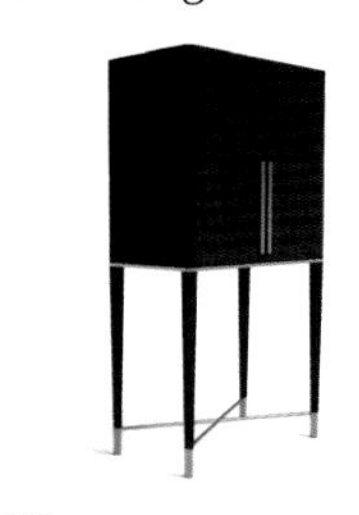

▲ Tama
Carlo Colombo

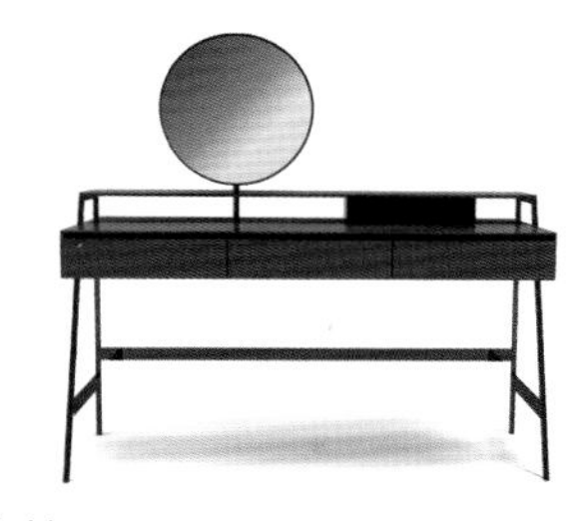

▲ Venere
Carlo Colombo

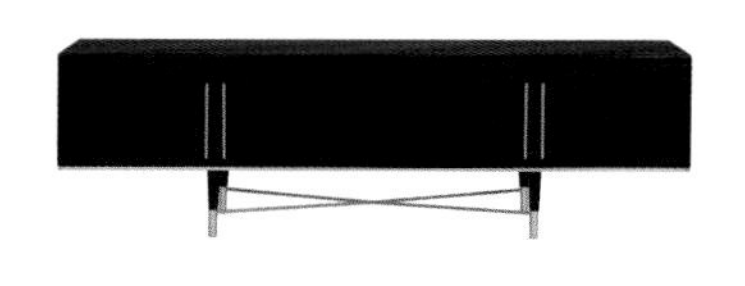

▲ Tama Crédence
Carlo Colombo

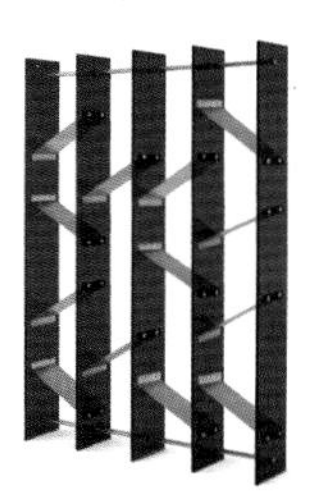

▲ Isola
Massimo Castagna

▲ OTO MINI
Gabriele Buratti

设计理念 | DESIGN KEY POINTS

Gallotti & Radice 的设计简约而如雕塑般硬朗，将玻璃所蕴藏的冷冽用优雅的方式呈现。不为了追求现代感而设计出怪诞，更不因为讲究质感而牺牲美感，Gallotti & Radice 家具拥有独特的人文品位。Gallotti & Radice 对待玻璃的纯然初心，证明了真诚的心意，将带来最美好的设计。Gallotti & Radice 在占尽先天优越条件的同时，赋予了它传承文化的责任，尤其是设计理念的传承。

产品特点 | FEATURES

拥有传统工艺技术，Gallotti & Radice 更强调创新的与时俱进，尝试多元运用玻璃元素，衬托出玻璃的无暇与工艺技术的极致。此外，在娴熟玻璃工艺的同时，Gallotti & Radice 也将长年累月形成的设计美学概念延伸到其他材质上，无论是沙发蓬松的填充衬料工艺，或者线条利落的桌椅。Gallotti & Radice 在追逐玻璃光影的幻梦之余也有傲人成绩。

展厅代理 | AGENT

展厅：
帝幔进口家具精选馆四层
地址：上海市闵行区吴中路 1265 号（合川路口）

www.gallottiradice.it

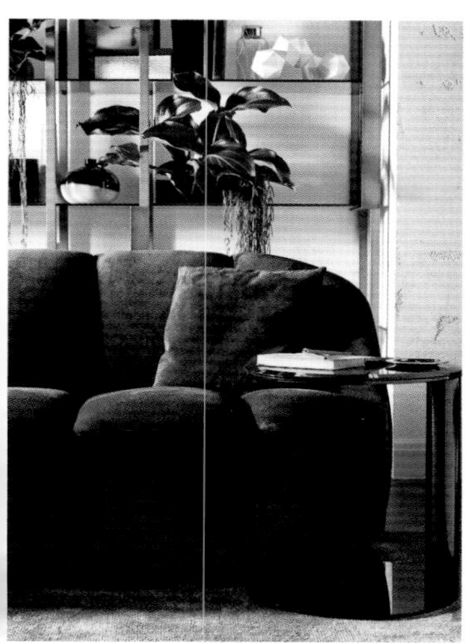

PP Møbler

品牌简介 | INTRODUCTION

PP Møbler 成立于 1953 年，是一家丹麦细木作坊。以精致手工打造高质量的工艺设计家具作品著称。尊重木材，重视环保。取材及制程严谨，追求精湛质量；不以视觉、类型、风格、形式和材料为限制，鼓励创新，以成就赏心悦目且保证功能完善，做出艺术与实用兼具的家具作品。

多年以来，PP Møbler 一直致力于和不同的设计师们合作生产出独特的家具作品。每一件作品都是在高规格的细木作工法下被制作完成，融合了相当缜密的设计思维在其中。在 PP Møbler，每一件作品的制成都是独一无二的，PP Møbler 的创作过程从不为外形、材料等形式所局限。

主打产品 | PRODUCT

▲ Pp501

▲ Pp56

▲ Pp130

▲ Pp502

▲ Pp505

▲ Pp550

▲ Pp521

▲ Pp524

设计理念 | DESIGN KEY POINTS

Hans J. Wegner 设计的作品被形容为永恒、不朽、完美地拓展设计的可能性、自由自在地超越所有潮流，并到达最高的境界，最重要的可能是他坚守着工匠的精神，以务实的态度去履行他的职责。他总是在设计过程中评估实际的需要，设立一些严格的规范，在打造塑形的过程中给予监督与指导，谨慎考虑一切的可能性。

这些规则可能不允许无边无际的自由灵感，但它必须在突破材质的可能性与工艺设计的规范之间拥有一种创造性的互动关系。 就像是 Henrik Most 在他的文章里所提及的 Hans J. Wegner：其最大的自由来自于最严谨的要求。 而在材质与创意的议题中，Hans J. Wegner 超越了他大部分的同时代人。

产品特点 | FEATURES

今天，PP Møbler 是丹麦为数不多的细木作坊中的一个。PP Møbler 鼓励员工创新思考与精进技艺，而员工对于自己的手艺十分执著和重视并引以为傲。此外，PP Møbler 绝不允许二流产品在市场上销售。

PP Møbler 所有的作品都重视品质，制造高品质的作品不同于其他的制造同业。另外，与设计师合作是一种既需艺术理念又需专业能力的事。但 PP Møbler 满足了人们对于作品的渴望，尊重木材，取材严谨，并将技术、创意和工艺三者结合，成就赏心悦目的作品。在 PP Møbler，员工不仅要具备一定的工艺概念，对于木料的认知也是同样重要的。因为没有完全相同的两棵树，因此，每件家具永远是独一无二的，这种独一无二使家具活泼起来。

展厅代理 | AGENT

代理：

中国台湾惟德国际

地址：台北市南京东路三段 223 巷 41 号

www.pp.dk

Flou

品牌简介 | INTRODUCTION

在床的设计制造领域中，Flou 公司一直占据了翘楚地位。Flou 在意大利已经有 50 多年的历史，自 1978 年开始，工厂聘请了著名的设计师 VicoMagistretti 设计了 Flou 的第一款床 Nathalie，从此 Flou 渐渐成为了一家专注于床具的公司，并且不断推陈出新，成为闻名欧洲乃至世界的经典顶级床具公司。

Flou 追求自然环保、讲究完美质量和使用寿命，其中 Nathalie 系列更是被称为床具中的经典。VicoMagistretti 和 RodolfoDordoni 两位著名设计师设计了数款造型完美的床具，而且在床的功能设计上，独具匠心，堪称一流。

主打产品 | PRODUCT

▲ Ari Bedside Table
Mario Dell'Orto

▲ Condotti
Mario Dell'Orto

▲ Olivier
Mario Dell'Orto

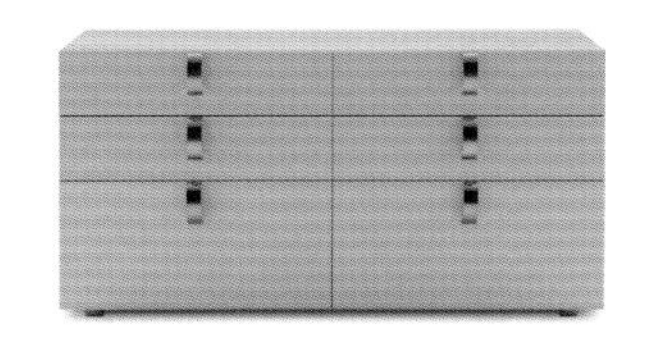

▲ Splendor

▲ Majal
Carlo Colombo

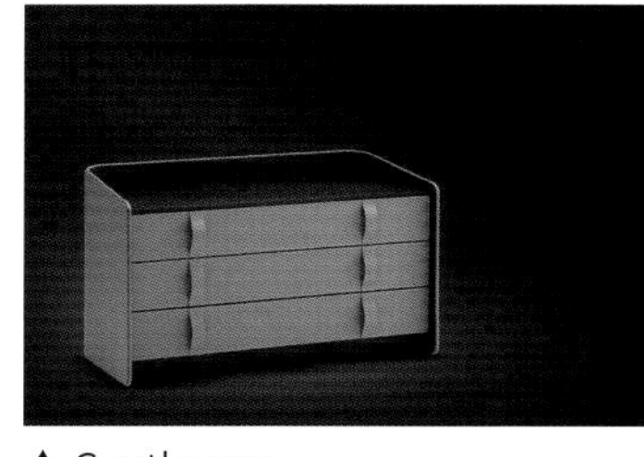

▲ Gentleman
Carlo Colombo

▲ Gentleman
Carlo Colombo

▲ Majal
Carlo Colombo

设计理念 | DESIGN KEY POINTS

“完美生活”四个字完整地概括了 Flou 的经营理念。自品牌成立以来，Flou 以提升居家生活的舒适度和幸福感为理念，推出众多种类齐全、风格统一的家具、寝具及家居配件。品牌创立的几十年间，Flou 始终致力于打造创新型专业床具，同时不断丰富产品种类，生产出深受全球消费者青睐的意大利现代风格家具产品。Flou 致力于为大多数人提供优质环保的家居产品。

Flou 公司的设计理念注重时代的发展和社会变迁，即适应新的市场要求。它所具有的时尚风格，可与现代或传统风格的家居搭配。

产品特点 | FEATURES

现在的 Flou 已经和睡眠文化（Sleep Culture）划上等号，Flou 追求自然环保、讲究完美质量和使用寿命。目前 Flou 是整个意大利乃至全球床品行业的领导者，人们在卧室里所需要的所有东西，都可以在这里找到。

Flou 的床上用品系列同样新颖别致，或热烈奔放、或淡雅素净，与 Flou 床具完美搭配，一起营造浪漫气质和高贵品质，让人远离世事的喧嚣与纷扰，享受夜与梦的惬意。Flou 公司追求最高质量，公司产品只采用天然材料。此外，每个产品的每一个细节都手工精琢而成。Flou 的床单使用寿命长，质量性价比合理，可以适用各种环境。Flou 以“床具专家”的身份领导意大利的生活方式，它的产品遍布欧洲及世界大国。

展厅代理 | AGENT

展厅：
上海法视界家居
地址：上海徐家汇文定创意生活广场 D1-2 号

www.flou.it/

Ligne Roset

ligne roset®

品牌简介 | INTRODUCTION

Ligne Roset 写意空间是法国 Roset 公司旗下品牌，公司创立于 1860 年，从事家具制造行业达近 160 年，并在国际家具业取得了世界范围内的成功。Roset 家族自 1936 年推出其第一款现代风格的沙发后，便开始研发与制造现代家具，并正式创立了 Ligne Roset 品牌。1967 年 Ligne Roset 推出了世界上第一个全泡棉沙发 Togo， 它颠覆了人们对沙发的所有想象，并把泡棉技术发展到极致。

1999 年 Ligne Roset 进入中国，其低调奢华的艺术气息与浪漫和谐的生活方式同样打动着中国的高端消费群体。发展到今天，Ligne Roset 已在北京、上海、杭州、深圳、昆明开设了多家专卖店，把精致奢华和艺术生活的理念与生活带给无数的高端客户。

主打产品 | PRODUCT

▲ Togo
Michel Ducaroy

▲ Ottoman
Noé Duchaufour

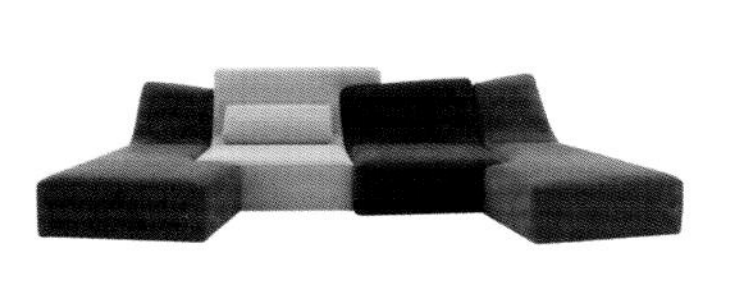

▲ Confluences
Philippe Nigro

▲ @-Chair
Toshiyuki Kita

▲ Moël
Inga Sempé

▲ Peter Maly 2
Peter Maly

▲ Cuts
Philippe Nigro

▲ Ennéa
Vincent Tordjman

设计理念 | DESIGN KEY POINTS

对于大多数人而言，Ligne Roset 品牌是奢华的代名词，代表了优雅的生活方式。Ligne Roset 与最前沿的当代设计师携手合作而闻名，也为客户提供了生活方式的选择，将其家具产品系列也包括了装饰性配件、照明、地毯、纺织品和其他物品。

Roset 集团之所以不同于其他制造商，原因在于其与知名和新兴设计师携手合作的传统。将坚实的设计理念与技术创新相结合，Ligne Roset 已经具备专业工艺和能力来构造和强化全球范围的分销网络。Ligne Roset 作为国际家具界的一面旗帜，已经多次摘得红点至尊的荣誉，就像 Ligne Roset 的掌门人 Michel Roset 所说：“我们要做别人没有想到的创意。”

产品特点 | FEATURES

相对于过于矫饰的古典家具或是冰冷凌厉的极简风格，Ligne Roset 则散发出舒适、有格调和低调奢华的现代风格。

近年来，Ligne Roset 公司还推出了仅供 Ligne Roset 专卖店销售装饰品、灯具及纺织品系列。所有的设计均为 Ligne Roset 公司专有，并有相当部分的作品出自青年设计师之手。经典的诞生不但承载着国际主流家居媒体赋予的杰出称号，延续在人们的记忆里，而且传递着永恒生命力。

展厅代理 | AGENT

展厅：
红星欧丽洛雅环球家居博览中心至尊 Mall
地址：上海市闵行区吴中路 1388 号

www.ligne-roset.com/cn/

Cattelan Italia

品牌简介 | INTRODUCTION

意大利家具 Cattslan Italia 品牌是由 Giorgio Cattelan 和他的夫人 SILVIA 于 1979 年在威尼斯共同创立。因其卓越的设计和不俗的做工在美国、欧洲和远东市场取得巨大成功。

Cattslan Italia 大力发展与世界顶尖设计师和建筑师的紧密合作，如 Yoshino、Plazzogna、De Longhi 等。在 Giorgio Cattelan 不懈的努力下，Cattslan Italia 远销 100 个国家，广泛应用于豪华酒店、游轮，纽约现代艺术博物馆、赫尔辛基歌剧院、法国外交部等重要场所。目前，Cattslan Italia 已经跻身意大利家具业顶级企业行列。

主打产品 | PRODUCT

▲ Reef
Piero De Longhi

▲ Dumbo
Archirivolto

▲ Stratos
Studio Kronos

▲ Peyote
Piero De Longhi

▲ Yoda Keramik
Paolo Cattelan

▲ Magda
Studio Kronos

▲ Sylvester
Leo Dainelli

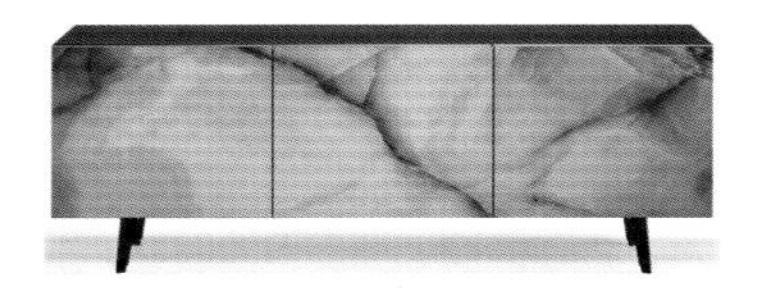

▲ Metropol
Paolo Cattelan

设计理念 | DESIGN KEY POINTS

高品质意大利制造，创新设计与舒适性开发，灵活性客户定制服务，不同材质的拼接 ，源于自然、源于生活的几何概念，对原材料质量的严苛要求，希望借造型、色彩等传递品牌价值。好的设计不仅能提升家具的价值，更重要的是创造了一个新的生活方式，从而超越生活。

Gioragio 先生说：“家是爱的象征，是让每个人感到舒适的地方。美对我来说，应该凌驾于功能之上。”

他追随“形式服从功能”的现代设计理念，他认为好的设计不仅能提升家具的价值，更是创造一个新的生活方式，从而超越生活。通过其产品传递出这样一种理念，即产品超越了装饰品和材料本身。

产品特点 | FEATURES

分明、简约的现代设计，以及它对几何概念的完美演绎，深受全球高端客户的喜爱，Cattslan Italia 被誉为家具界的阿玛尼。

在现代设计领域，形状往往受限于功能，但是 Cattelan Italia 不仅仅通过高端品质、知名度和风格，而且也通过形状确立了自己的市场地位。从木材到玻璃、从皮革到钢材，所有材料都被视作每件产品设计和风格的重要组成元素。

在保证高品质的前提下，Cattslan Italia 广泛运用各种材料，从木头、玻璃到金属、皮，应有尽有；不同材质的巧妙拼接更使其在家具行业独树一帜。

展厅代理 | AGENT

代理：
中国香港璞缇国际有限公司
www.cattelanitalia.com/

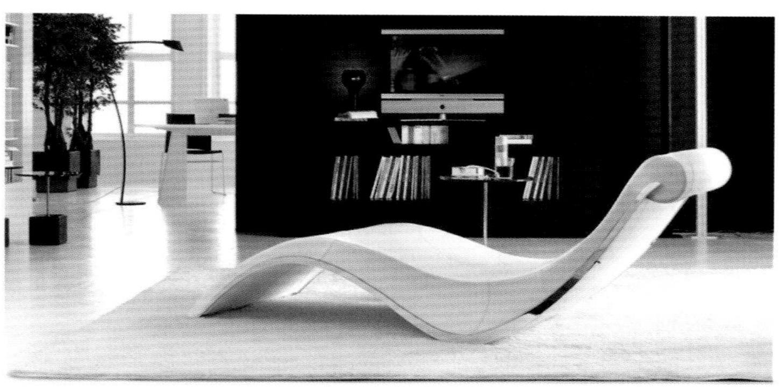

arketipo

品牌简介 | INTRODUCTION

arketipo 公司起源于 20 世纪 80 年代，凭借对佛罗伦萨纺织制造质量的一腔热情创造出软垫家具，将高质量和对细节的关注以及充满活力的和永恒的形象相结合。在过去的几年里，它的主要目标是品牌强化和在高端市场的重新定位。

自 2008 年以来公司拓展了产品系列：除了沙发和扶手椅，还开发了其他配饰系列。这些家具配饰共同呈现出完整、优雅、精细的同时具备功能性的舒适客厅。呈现出一种简单别致的生活，它将家具文化、传统和功能性紧密结合。

主打产品 | PRODUCT

▲ Twiggy
Giuseppe Viganò

▲ Fly
Studio Memo

▲ Mayfair
Leo Dainelli

▲ Manta
Giuseppe Viganò

▲ Morrison
Mauro Lipparini

▲ Lith
Mauro Lipparini

▲ Sylvester
Leo Dainelli

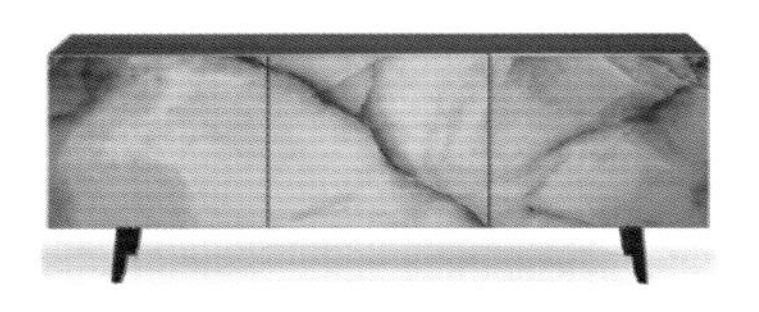

▲ Metropol
Paolo Cattelan

设计理念 | DESIGN KEY POINTS

arketipo 这个词来源于古希腊，其原义是指理念、形象，用这个命名是因为该公司其内涵包含原始和独特的设计理念，arketipo 创作独一无二的产品和细节，研究色彩搭配和原材料。arketipo 善于将经典融合现代摩登风情，展露充满个性的时尚潮流感。对 arketipo 而言，设计就是生命，是风格上的突破，是通过新颖的表现形式和材料表达自己的价值理念。arketipo 与多位设计师合作的最新产品，设计师包括 Gino Carollo、Leonardo Dainelli、 Mauro Lipparini 以及 Giuseppe Viganò 等。arketipo 不同的系列有着不同的鲜明特色，这些家具如人一样拥有“性格”，仿佛在诉说着故事，隐含寓意，赏心悦目的同时又让人细细品味家具与人、人与空间的交错互动与微妙平衡。

产品特点 | FEATURES

时尚和工艺的融合创造非凡的产品。arketipo 重视产品的研发，倡导产品的创新思维理念，善于与时装结合，注重细节并且不断地坚持创新。品质传承了佛罗伦萨高品质的纺织工艺。在几十年的发展中，注重细节并且保持着源源不断的创新活力。生产工艺理念基于高度的灵活性，因此，公司生产的具有相同专业性及功能性的产品，既可适用于居家环境，也可适用于社交和工作场合。灵感来自于搭配、材料和色彩的和谐，将感知、情景设计与传统工艺融合佛罗伦萨珍贵的织物和皮革，使各种手法和情调尽情演绎。

展厅代理 | AGENT

代理：
北京德易家国际家居有限公司

www.arketipo.com/

Visionnaire

品牌简介 | INTRODUCTION

Visionnaire 是意大利顶级的家居设计品牌，以华丽优雅的维多利亚式和新巴洛克风格为主，创立于 1959 年，历史悠久。其品牌最经典的标志为 V 字形 Logo 和设计中大量使用的椭圆形排列组合图案（如地板、栏杆、镜面上）。作品冷艳高雅，华丽但不显得繁冗。

Visionnaire 系列产品由最初的座椅开始到现如今超过 2000 多种的系列产品，从沙发座椅到饰品灯具和地毯其造型独特工艺考究，具有戏剧化、梦幻但又实用的特点。凭借优质的产品质量、高端定制服务及独树一帜的设计风格，Visionnaire 广受私宅及豪宅项目欢迎。Visionnaire 将崭新的家具设计融入时尚生活，为用户打造独特的生活空间，提升生活品质。

主打产品 | PRODUCT

▲ Azimut
Steve Leung

▲ Bastian
Mauro Lipparini

▲ Bastian
Mauro Lipparini

▲ Beloved
Alessandro LaSpada

▲ Convention
Giuseppe Viganò

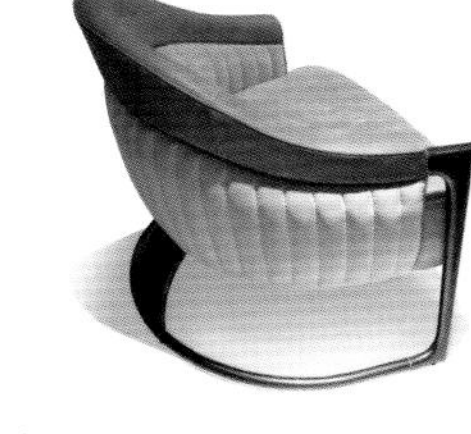

▲ Grace
Steve Leung

▲ Kenaz
Steve Leung

▲ Sowilo
Steve Leung

设计理念 | DESIGN KEY POINTS

Visionnaire 推崇的家居哲学的理念，由意大利顶级时尚设计师提出，旨在根据客户的特殊要求塑造表现其个性化特色的家居空间，该品牌特别受到来自欧洲皇室及明星们的青睐。Visionnaire 致力于细节部分的设计，用高贵动感的金属或玻璃取代传统布料及室内的软装饰，把古典的贵族式风情演绎得淋漓尽致。其独特的风格、充满戏剧感和时尚美丽的造型呈现出梦幻却又不乏实用和舒适的家居体验。Visionnaire 风格：就是我们一贯主张的性感优雅而不失舒适和实用的温暖风格。Luigi Cavalli 说道：“经常有人问我，Visionnaire 到底是什么？我的回答是 Visionnaire 是魅力，是想象，是优雅。”

产品特点 | FEATURES

在欧洲经历包豪斯和极简家居风的这几十年中，Visionnaire 凭其舒适和装饰性并重的风格一直历久不衰，并拥有一批忠实的客户。同时，它的几款标志性设计堪称历久弥新，被行家称为“永恒的经典”。Visionnaire 完全发掘了表面处理、顶棚、地板、窗帘和其他每一个需要的细节来创建一个精致的整体外观，完成了从整体考量到不失任何一个丰富细节的过渡。多维度地运用一系列包括木材、金属、宝石、半导体稀有元素和新面料、装饰的新材料，力求打造震撼世界的效果和国际性。把古典的贵族式风情演绎得淋漓尽致之余，更多添了几分神秘、动感、质感，将奢华推向另一个高峰。

展厅代理 | AGENT

旗舰店：
Visionnaire
地址：深圳市福田区 Galaxy• 商场 L1-03 号

www.visionnaire-home.com

Molteni&C

Molteni&C

品牌简介 | INTRODUCTION

Molteni&C 于 20 世纪 30 年代晚期创立于米兰，一直坚持把握从原料采办到最后出产为成品的每个环节，因为木材的天然特点，从木材的选择到半成品的出产，从拆卸到上漆都坚持手工完成。Molteni&C 和很多国际出名的设计师、建筑师合作，如 jeannouvel、hanneswettstein 等，设计出很多家具史上的典型之作。20 世纪 70 年代，为满足越来越大的市场需求，Molteni&C 将公司划分四个部分经营，分别是 Molteni&C、Unifor、Dada 和 Citterio。同时，Molteni & C 积极开发大型设计方案，如博物馆、精品店、饭店、游轮、医院、剧场等整体规划，卡地亚巴黎旗舰店、威尼斯歌剧院等室内设计，都是 Molteni&C 的经典之作。

主打产品 | PRODUCT

▲ Asterias

▲ D.154.2

▲ Chelsea

▲ Doda - Doda Low

▲ D.153.1

▲ Who

▲ Clipper

▲ Fulham

设计理念 | DESIGN KEY POINTS

在产品设计方面，Molteni &C 总是在寻求一种平衡并探索如何将时尚的外观设计和功能化的储物空间有机结合在一起。有一款产品就是将原本座椅的支撑面设计成了一个具有额外储物功能的空间。而一款橱柜产品，将其表面抬高，则完全能做一款写字台来使用。同样现代化科技的结合也在 Molteni&C 的产品中频频体现，USB 插口、网口都能集成在一款家具里。

80 多年的历史，让 Molteni & C 在意大利家具业拥有领先的地位，无论是普通家具、橱柜还是办公用品，时尚的设计和功能化的使用方式是 Molteni&C 从始而终的追求。

产品特点 | FEATURES

Molteni&C 拥有一贯的意大利式的精致典雅，细节和收口体现工艺程度。正如 Molteni&C 的自我注解："从 1934 年至今，我们走过了一段崎岖且充满挑战的漫长旅程。但是仍需要夜以继日，念念不忘地重复着同一个词汇：品质。"将原材料的本性和研究成果完美融合的大床。细腻而网格化的线条带来和谐且平衡的美感，是精简多余元素的硕果，传递出魅力和动人力量影响的同时，促生出一种强烈表达当代感觉，重新设计出比例优雅裁剪的产品。Molteni&C 品牌织物和皮革的无内衬外套均可取下。其设计理念是根据市场需求来变化的，唯美、温馨、严肃等风格应有尽有，其以独特的设计理念和优质的产品质量，发展得越来越快速。

展厅代理 | AGENT

旗舰店：

Molteni&C

南京西路 1266 号恒隆广场四层（近陕西北路）

Molteni&C 家居福邸・博展馆

地址：杭州飞云江路 9 号赞成中心一层

www.molteni.it/cn/

alberta

品牌简介 | INTRODUCTION

alberta 来自于拥有深厚历史积淀的城市意大利威尼斯地区，alberta 创立于 1978 年，经过 40 年的发展，已成为高品质的代名词，是真正的软体家具第一品牌 。alberta 产品全部采用欧洲顶级产品设计师设计，并在意大利威尼斯当地聘用工匠，采用传统技艺进行家具制作。alberta 一直专注于布艺沙发家居产品和真皮沙发家居产品这两条主线产品。紧跟时代的潮流，将时尚与永恒的经典相融合，应用于产品设计中。

主打产品 | PRODUCT

▲ Albert1

▲ Alcove
Sergio Bicego

▲ Babar

▲ Gossip

▲ Island

▲ Jagger

▲ Jammin

▲ Yoko

设计理念 | DESIGN KEY POINTS

alberta 产品设计紧跟时代的潮流，将时尚与永恒的经典相融合，应用于产品设计中。alberta 非常重视工艺、设计创意和产品服务。在产品的生产过程中，将细节处理与产品设计创新紧密连接在一起，这是对产品最大的服务增值。产品设计中，alberta 注重永恒经典的呈现，兼顾现代风格的造型，同时在乎设计完美和功能的舒适，更注重产品外观与功能、设计之间的平衡。产品造型设计是来自于著名设计学术机构威尼斯 IUAV 设计事务所和在米兰理工 POLI 设计的建筑师和设计师。alberta 灵感集合三大趋势：奢侈品、当代和设计。

产品特点 | FEATURES

alberta 公司仅使用高品质欧洲柔软的头层牛皮。皮的种类非常丰富，从 E 级到 M 级，并且拥有非常特别而纯正的颜色给客户多样性的选择。alberta 公司的 G 级 Sensation 的全苯胺皮，经过极少的化学染剂，保留牛皮纯天然的纹理，采用纯手工打磨，提升真皮使用的自然性，顶级的 Nabuk 的皮更是欧洲时尚界使用的非常珍贵的皮料。alberta 如同定制家具一样，在家具中引用高级时装时尚的魅力，在柜子的抽屉和衣柜装饰门使用世界高端时尚皮革及珍贵的金属，充分体现了意大利优雅的皮革制品和精致的意大利风格。alberta 提供完整的设计服务，可以用于展厅、家居等空间，并提供最合适的室内装饰、家具产品，包括装饰品、照明、灯具等。

展厅代理 | AGENT

www.alberta.it

VONDOM

VONDOM

品牌简介 | INTRODUCTION

西班牙高端休闲时尚家具品牌 VONDOM 由 Jose Albinana 创办于 2008 年，主要从事高端的户内外家具、时尚花器、灯光照明的设计、生产及销售。VONDOM 总部位于西班牙美丽的海边城市瓦仑西亚，产品已在世界各地的知名酒店、会所、商业空间及宅邸等场所完美呈现。让每一位用户体验到前卫的设计理念和纯正的地中海风情。

主打产品 | PRODUCT

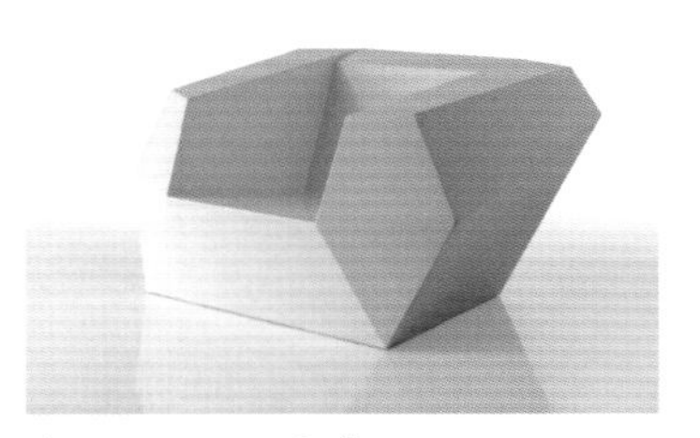

▲ Faz Lounge Sofa
Ramon Esteve 2013

▲ Africa Chair
EugeniQuitllet 2014

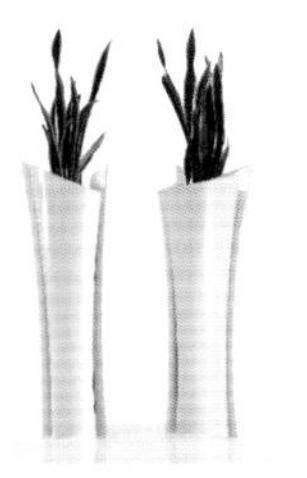

▲ Alma Planter
A-CERO 2010

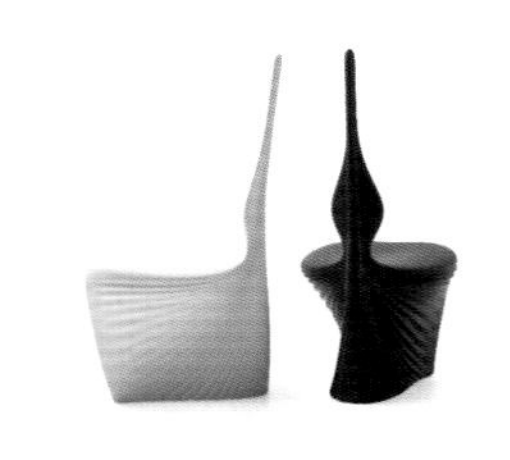

▲ BiophiliaChair
RossLovegrove 2013

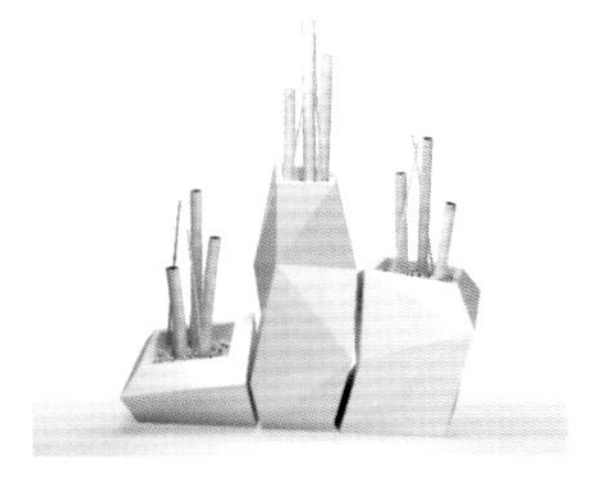

▲ Faz Plantr
Ramon Esteve 2013

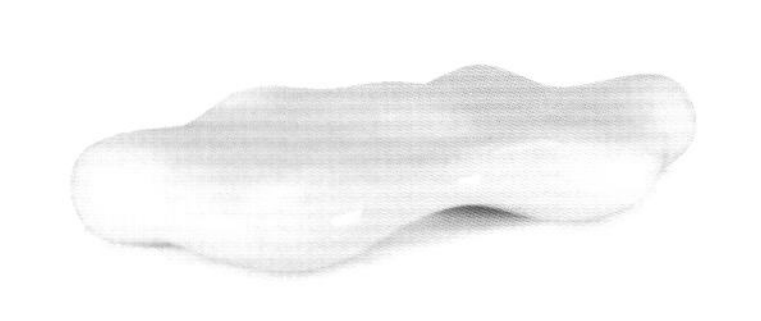

▲ Lava Bench
KarimRashid 2010

▲ Wallstreet
EugeniQuitllet 2014

▲ Stone
ElisaGargan 2012

设计理念 | DESIGN KEY POINTS

VONDOM 以追求尖端的设计、高品质的材料和专业的生产流程为目标，一直致力于为生活创造艺术，寻求自然美，将艺术和时尚文化融入设计并呈现于产品中，始终引领着简单、时尚、和谐的设计潮流，散发着地中海的热情奔放、浪漫生活和自然情调。

产品特点 | FEATURES

采用 100% 环保可回收的生态高级材料，经过高温加热和低温冷却的先进生产工序，在极端温差下（零下 60 度至零上 80 度）不易变形，且在强烈日照下不易褪色，让每一位消费者放心使用。每一件 VONDOM 产品都充分体现了功能性强，线条流畅、简洁，结合人体舒适感，充满了地中海热情奔放的特性。

展厅代理 | AGENT

旗舰店
地址：上海市静安区万荣路 700 号 C6-103 单元

www.vondom.com

Imperfettolab

Imperfettolab

品牌简介 | INTRODUCTION

Imperfettolab 是一个鲜为人知，但是非常有潜力的艺术家具品牌，它由意大利设计师 Verter Turroni 和 Emanuela Ravelli 创立。

意大利家居用品品牌 Imperfettolab 设计和制造的产品是独具一格的，其突出的个性特征就像是它的名字所暗示的那样—没有十全十美，品牌的名称隐含着不完美特质。玻璃纤维是产品的主要原材料之一，其质轻特点符合室内使用需求，同时，其防水性和耐光性也符合室外使用需求，所以玻璃纤维可用于制作室内和室外物品。每件作品都由模具浇铸，经过手工打磨、着色和抛光制作而成。这一加工流程赋予 Imperfettolab 所有产品别具一格的特性。Imperfettolab 已成为 Verter Turroni 和 Emanuela Ravelli 的设计和生产标志。

主打产品 | PRODUCT

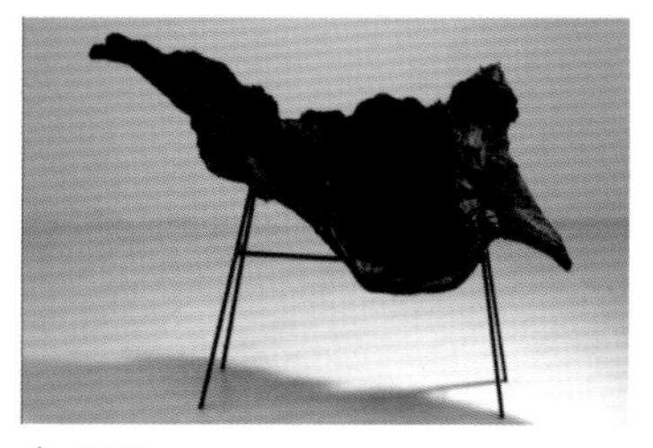

▲ O+Bioma

▲ Beetle

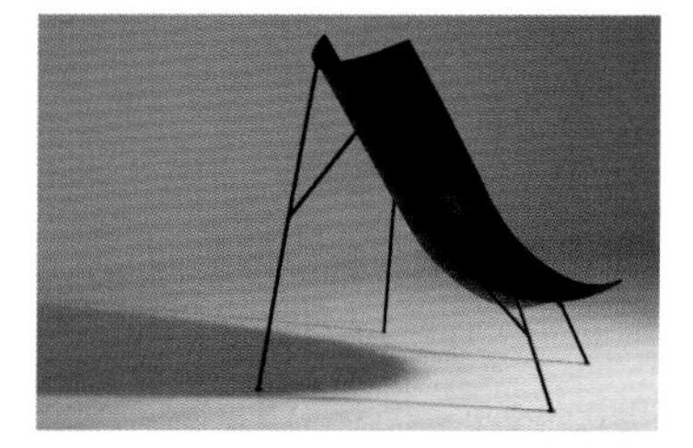

▲ Ombra

▲ Mini

▲ Bulbi6

▲ Dina

▲ Favo

▲ Lucilla

设计理念 | DESIGN KEY POINTS

在突破陈规超乎想象的胆识与创新精神引领下，继承“艺术与时尚”的设计哲学，创造出美学与实用性的完美统一。Verter Turroni 和 Emanuela Ravelli 孜孜不倦地在追求完美的路上不懈实验，保持着开放的态度，大胆地将手工与科技结合，将工业设计、现代艺术与时尚融入产品之中。IImperfettolab 的产品承载着与众不同的独特品位，个性强烈，具有极高的原创性。空间中点缀一两件产品，就能让原本平淡无奇的空间变得更有格调和品位，得到升华。这些如同雕塑般的家具作品大多从自然万物中寻找创意，巧妙地透过雕塑及手工艺结合，展现出设计的可能性。自然元素彰显极致韵味，采用了原始形态、触感材料致敬大自然的美丽，别致的肌理增添了粗犷原始感。

产品特点 | FEATURES

Imperfettolab 讲求艺术，但也不会设计出来华而不实的花架子。它们不仅仅是摆在角落里仅供观赏用，而是被赋予更灵活多变的实用价值。另一个显著特点是材质，并不是平常用的金属、木材，而是做玻璃纤维。这正是 Verter Turroni 和 Emanuela Ravelli 在共同寻找的东西，希望自然和工艺元素之间有一种综合的表现形式，其中呈现出亲近温暖的亲和力。每件 Imperfettolab 的产品都是以翻模的方法制造，然后用砂纸经过专家们的数道手工打磨、彩绘和抛光的工序完成。熟练的工艺师们注重每一个细节，因此，每一个产品都是独具风格的，每一个作品都有自己独特的性格和特质，并且可以根据客户需求进行私人定制，使家具符合私人化、个性化的要求。

展厅代理 | AGENT

www.imperfettolab.com

BRUNO MOINARD

BRUNO
MOINARD
ÉDITIONS

品牌简介 | INTRODUCTION

提及 BRUNO MOINARD，有四枚标签一定是不得不提的：一是他为法国前总统密特朗设计爱丽舍宫；二是被众多奢侈品牌和时尚人士追捧，比如卡地亚、再比如老佛爷 Karl Lagerfeld；第三就是他创造了风靡设计圈的“铜色概念”；当然还有赢得了多个餐饮界“第一”的 Le Relais Plaza 餐厅。除了 BRUNO MOINARD 为私人和公共空间设计的家具外，他自然而然地创造了自己的路线。就像一个站在画作前的画家，展现了他的想象力的新面貌，他开始设计和制作他的第一个法式扶手椅、桌子、灯具和控制台。

主打产品 | PRODUCT

▲ Apora Fauteuil

▲ Lit De Repose Courtrai

▲ Table Dappoint Dugo

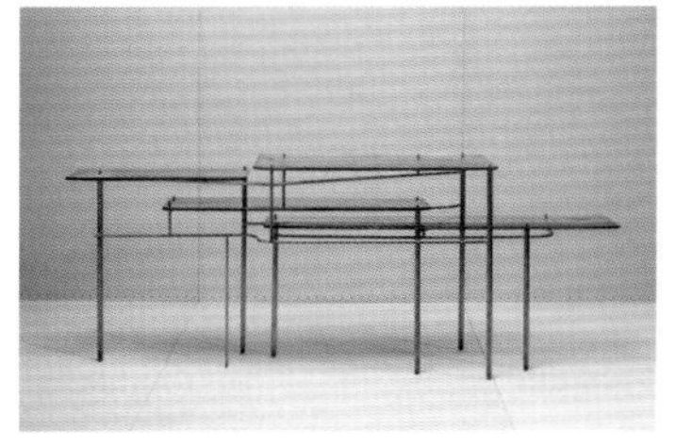

▲ Tari

▲ Terzo

▲ Gumi

▲ Bridge Vernon

▲ Canape Borga

设计理念 | DESIGN KEY POINTS

从一开始，BRUNO MOINARD 的 4BI & Associés 公司就不仅仅是一个室内设计工作室，而是一个始终坚守原有理念的风格实验室：创造惊喜，而不是简单地跟随以前的趋势。在每一件家具的打造过程中，BRUNO MOINARD 通常会选用几种不同的元素进行组合，这些元素可能包括木材、金属、玻璃、皮革等。在家具设计方面，BRUNO MOINARD 始终坚持要用最好的材料。温暖的极简主义，朴实无华，优雅而永恒。BRUNO MOINARD 的作品就是围绕着这些表达而形成的。另外，以奢华的方式看待事物，淡化效果，使珍贵的东西从视野中隐藏起来，丰富细节并完成艺术。

产品特点 | FEATURES

每一件家具都能清晰地表现 BRUNO MOINARD 的所有特点。一个优雅和感性的线条，一个永远的简单，一次非物质的，一种有形的和永恒的艺术。如果扶手的曲线，灯罩的椭圆形或者桌子的纯度都含有 20 世纪装饰艺术的一些美学符号的暗示。是根据自己的个人风格，室内设计师又重新诠释古典主义，舒适和优雅。他对现在和未来的看法体现在新的形状，交替的光泽和雾面，注重细节，手工和材料的混合。图形，强烈和性感是建筑师设计师家具的主要特征。结合线性和圆度，对称性和不对称性，平衡性和不平衡性，正如我们在许多家具的黄色底部所看到的，这些线条中的每一个都被认为是不同寻常的和谐组合。

展厅代理 | AGENT

www.brunomoinardeditions.com

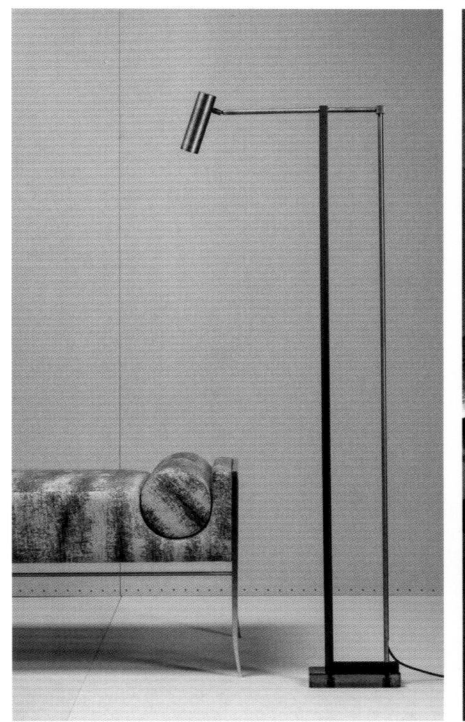

MANUTTI

MANUTTI
Belgian outdoor furniture®

品牌简介 | INTRODUCTION

MANUTTI 是专注于优雅的独家户外家具设计的制造商，其产品属于 “比利时制造” 的设计风格。MANUTTI 不仅专注于家具、桌子、配件的生产，还是模块化沙发领域的先驱。提供高级定制服务，过程中特别注意工艺、颜色搭配和精细的缝合。

MANUTTI 的所有者兼设计师 Stephane De Winter 设计生产了新一代户外家具，成功地将“室内休息室”的概念移植到户外。创造了 Zendo 和 Flow 系列，采用仿皮工艺，各颜色之间精细缝合，生产出超乎预期是的产品，给世界各地的花园和阳台带来一流的产品和优雅的格调。

主打产品 | PRODUCT

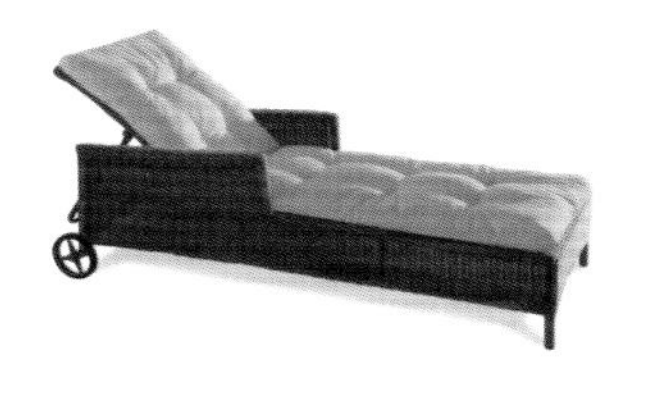

▲ Beaumont Lounger

▲ Cascade Daybed

▲ Echo 1S

▲ Kumo Concept 3

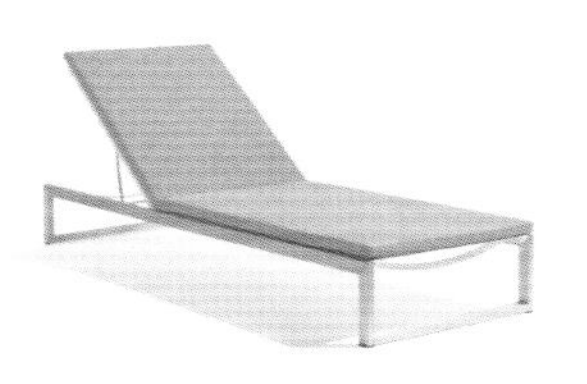

▲ Liner Lounger

▲ River 1S

▲ San Diego Medium
Footstool - Sidetable

▲ San Double 1 Seater

设计理念 | DESIGN KEY POINTS

MANUTTI 的成功来源于创始人的经验与灵感及对技术开发的热情。不仅是为室外使用而设计，其特点在于质量和设计品质，使室内和室外空间浑然一体。MANUTTI 多年来一直保持自己的本色，塑造了良好的国际形象。公司产品已经销售至 40 个国家，并形成由本地零售商、独立代理、独家经销商组成的结构化销售网络。

产品特点 | FEATURES

MANUTTI 的产品系列趋于多样化：椅子、扶手椅、躺椅、模块沙发、固定和扩展型多饰面桌子、遮阳伞，还有一些配件，如花瓶、锅架、灯和户外地毯。使用材料有阳极氧化铝、热漆铝、不锈钢、柚木、锻造铁和合成纤维、花岗岩、陶瓷、大理石、酸化玻璃。

Trespa®、Silestone® 材质，用于餐桌和小桌子面。 Batyline® and Lotus 面料是 100% 可回收的，用于室外使用的座椅、织物和仿皮套等。其产品风格将传统风格和现代风格全部囊括在内。MANUTTI 不仅为住宅市场提供产品，也为项目负责人提供产品。MANUTTI 的优势在于其专业性灵活性及产品系列的多样性。因此能为客户提供适应传统花园及现代户外空间的解决方案。

展厅代理 | AGENT

www.manutti.com

ns

品牌简介 | INTRODUCTION

ns 品牌起源于盛产著名设计师的比利时，其创始人 frank.Ye 经常游走欧洲各国，被当地可包容的艺术氛围深深感染，在长期与当地设计师们的沟通交流之后创立了 ns 品牌， ns 品牌既有法国的浪漫、意式的慵懒、德国的严谨，也不失英伦风范。ns 致力于将这些多的生活方式带到人们面前。

主打产品 | PRODUCT

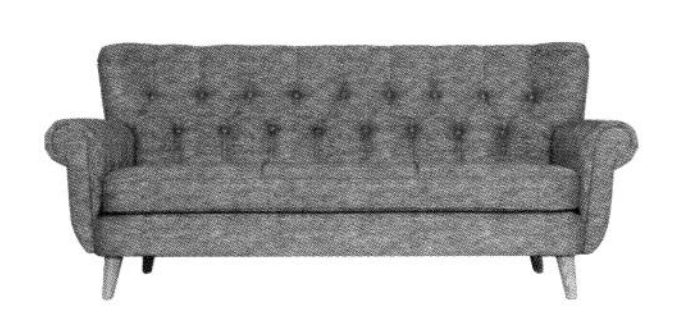

▲ NSSF-5214-40*Clark-Navy

▲ EST-LO7-68

▲ NSSF-5185-60

▲ NSCC-2222 KD*Sunday-10

▲ NSSF-5169-M1-230*PIC-G

▲ NSDC-1154C PB*Acr-Silver T

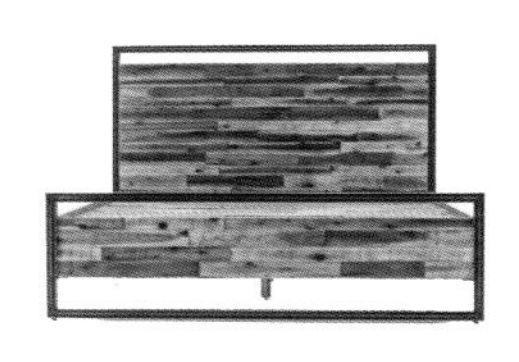

▲ ELE B01K

▲ NSDC-1217-BL*Sunday-10

设计理念 | DESIGN KEY POINTS

ns 认为设计就是生产力，主张一切从心出发，认为设计是一种心态，是一种用心的感受，是一种舒适、开心的生活方式，将设计融入人生，用家居的设计与搭配表达随心随意的生活方式。

产品特点 | FEATURES

ns 注重人文与品质，秉承人体工程学和美学的原理，能第一时间捕捉到时尚流行趋势，严选全球高质量的实木及面材料，线条简约、流畅，细节把握完美，产品轻奢有调，时尚大气。高品位的设计与精致的工艺艺术，让每一件产品都能经得起岁月的打磨。

展厅代理 | AGENT

展厅

地址： 上海市浦江镇陈行公路 2388 号银杏广场一号楼 219-223 号

旗舰店

地址： 上海市黄浦区半淞园路 388 号世博园区 B4-2 号楼 1 层

www.nsfurnitureshop.com

MELBOURNE
NEW-YORK

HC28

品牌简介 | INTRODUCTION

HC28 以东西合璧的风格和国际化的品质，创造出高端现代家具品牌，将中国优秀的手工艺传统与西方领先的现代设计相结合，完美地展现了圆润、简秀的新式浪漫，并在世界各地的新兴潮流城市展现出非凡的活力。

从设计到产品，品质是设计的“再生层”。作为 HC28 工厂的技术厂长，Merlin Francois 生于法国家具世家，在 40 多年的从业生涯中担任过欧洲多个家具企业的技术总监，与包括蓬皮杜设计者 Renzo Piano 在内的众多著名设计师合作。十年时间，在 Merlin 厂长的带领下，HC28 不断提升工艺、材质和组织水平，让很多国外买家认识到，高阶的中国制造一样可以具有国际水平。

主打产品 | PRODUCT

▲ Toy
Francois Champsaur

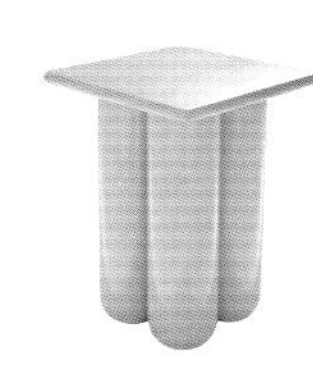

▲ Bold
Frank Chou

▲ Bold
Frank Chou

▲ Loft
L&L Studio

▲ Olala
Santiago Sevillano

▲ Revo
Pascal Allaman

▲ Teatro
Luca Scacchetti

▲ Silva
Archirivolto Design

设计理念 | DESIGN KEY POINTS

HC28 强调的中国文化，并非是带着东方符号的家具设计，而是在现代风格中融入中国的诗意、圆润和柔美，并表现中国文化中的诗情画意和浑然一体的情趣。而正是这种被国际化了的东方意向，让 HC28 的现代设计在国际家具品牌上独具特色且充满温度，也让全球各地的市场看懂了 HC28 的生活方式。它恰如其分，既不会太浓厚，也不会过于复杂，喜欢表现细节和内涵，又把设计的张力控制在容易搭配、容易使用的适度范畴。HC28 卓越工艺与穿越时空设计的代名词，品牌诞生之初，即受到国际时尚与家居设计界的推崇，他颠覆了将传统符号简单再现的设计语汇，总是出乎意料，却在情理之中，不断地让我们为之耳目一新。

产品特点 | FEATURES

在国际化不断演进的大背景下，HC28 代表了东西融汇的主导潮流。不同凡响的是，当东方遇到西方，不是对立，也不是简单的罗列，而是如东方传统的阴阳哲学，圆融贯通，你中有我，我中有你，塑造出一个真正深谙东方散淡典雅和西方洗练考究的家具世界的新现代。HC28 已经发展成为了以简约与抽象细节而著称的国际化原创品牌，是对现代生活新贵精神的新鲜诠释。其标志性的手工雕塑木作和大胆明快的漆彩，可融入任何现代家居空间，无论是全套配置，还是加入新古典抑或后现代主义风格设计，HC28 都可以自然而然统领风范，或成为决定格局的传世之作。

展厅代理 | AGENT

旗舰店
HC28
地址：上海市徐汇区文定路 258 号文定生活广场 A106-1/206-1
地址：上海市真北路 1108 号红星美凯龙南馆三层 C8131
地址：上海市闵行区吴中路 1388 号红星欧丽洛雅 4 楼 8079
地址：上海市浦东新区临御路 518 号红星美凯龙 2 楼 B8076

www.hc28.com.cn/

MUMOON

品牌简介 | INTRODUCTION

MUMOON 是由比利时工业设计师 Robin Delaere 于 2010 年创立的原创设计家居品牌，并与意大利 DOS 设计工作室、西班牙 KAISHI 设计工作室等国际工业设计师长期展开合作，在追求于精致的简约线条及少就是多的设计理念指导下，设计出各种北欧简约风格家居饰品与灯具系列作品，并已取得了非常不错的市场效果。

MUMOON 2014 年引入中国市场。公司的精髓在于打造每一款产品都近乎完美，既保持了原创作品，更不惜一切成本地赋予了众多设计作品极致的品质。

主打产品 | PRODUCT

▲ Chute Lamp
Robin Delaere

▲ Etel Floor Lamp
Philip Ding

▲ Etel Pendant Lamp
Philip Ding

▲ Etel Table Lamp
Philip Ding

▲ Geometry Pendant Lamp
Philip Ding

▲ Jil Floor Lamp
Robin Delaere

▲ Mel Floor Lamp
Robin Delaere

▲ Mel Pendant Lamp
Robin Delaere

设计理念 | DESIGN KEY POINTS

MUMOON 在多年追求着极致的产品品质及少就是多的北欧“极简主义”设计理念下，致力于和全球设计师合作，中国精工制造，生产出独具特色的北欧现代风格的灯具、家居饰品系列的原创设计作品。灯光下蒙娜丽莎的微笑，温暖直沁心脾。MUMOON 以精益制造优良，以严谨成就完美，只有内外兼修的完美，才值得人们典藏。

MUMOON 原创时尚优雅的设计，在简约中张扬着雅致和前卫，在光影和谐的世界里，激起人们一种甜蜜欲醉的情愫。

MUMOON 打造的每一款产品，都体现了他们创造更加美好的家居生活的理念。

产品特点 | FEATURES

好的设计作品不光需要设计师好的创意与灵感，更需要严谨的生产与品质管控体系。MUMOON 有着丰富的现代灯设计和生产经验，MUMOON 在现代灯具结构处理方面，更有着独特的思维和见解，他擅长将市场趋势、先进材料和自身独特的思想巧妙运用，凭借自己多年的执著和坚定的信念不断创新设计，力求通过原创设计唤起大众对中国创造的关注和对生活的热爱。原创设计的力量深入人心，无论从外观还是内在价值，毫不夸张地说，MUMOON 大行其道地展现着国际原创设计品牌的魅力——工匠精神，这是他们永恒的追求。

展厅代理 | AGENT

代理
佛山市雷汉尼灯饰有限公司
地址：广东省佛山市顺德区均安畅兴工业园祥安南路 20 号

mumoon.be

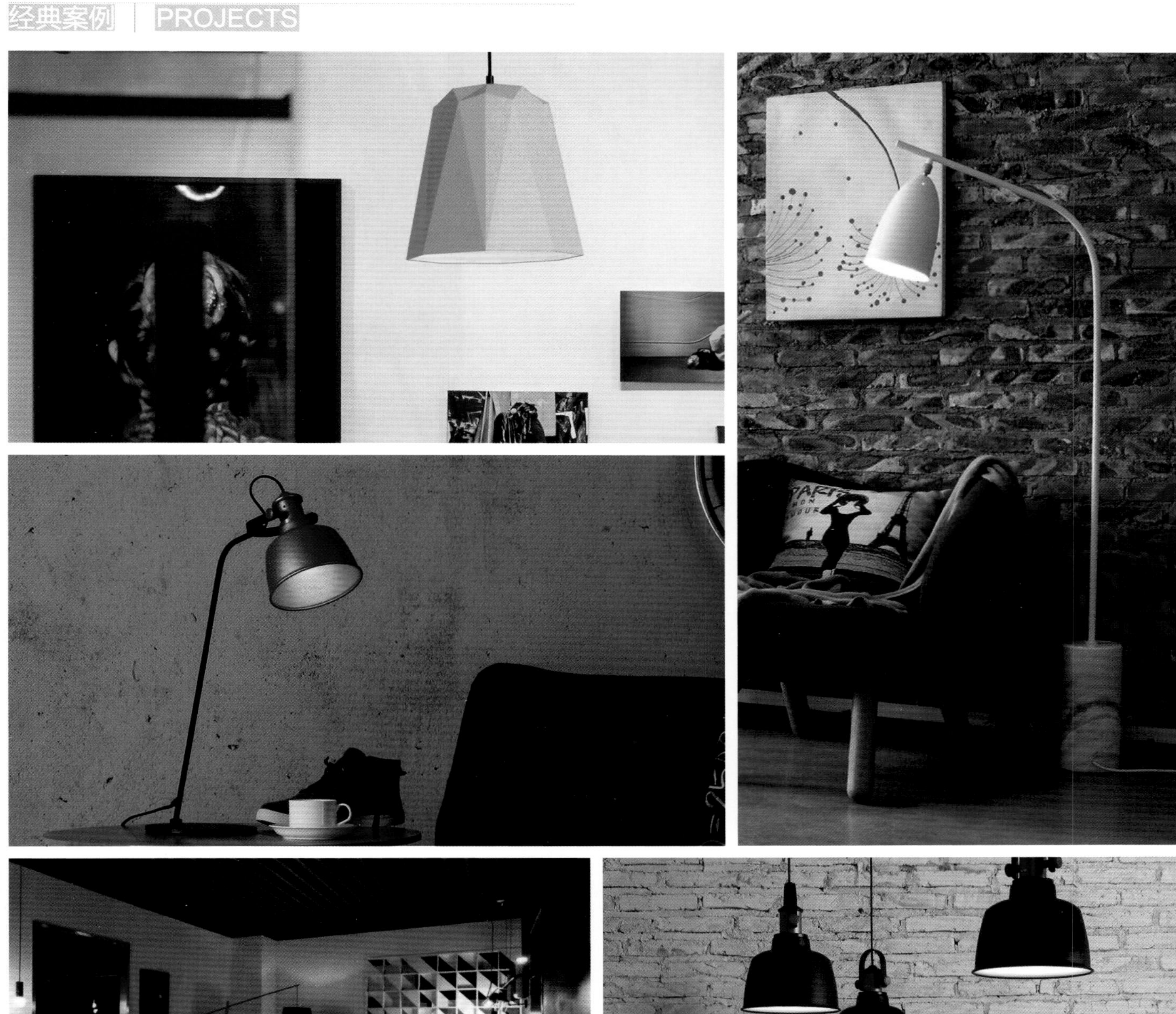

SEEDDESIGN

SEEDDESIGN

品牌简介 | INTRODUCTION

SEEDDESIGN 品牌创立于 1991 年。一位台湾青年凭借对灯光的想象与创作的热情，透过笔尖，将来自生活的灵感，化作以简约为性格、实用与恒久性为目的的灯光美学。早期以丹麦为主要市场的 SEEDDESIGN，经由作品来阐述与环境和谐、细致而沉静的设计态度。简单的美，不需要多余线条及缀饰，打扰光影之于空间的表演：恰到好处的利落，优雅地散发独特且不哗众取宠的姿态。对于灯，SEEDDESIGN 不仅想创造视觉上的飨宴，借由多种材质混搭及局部调整的巧思，期待为使用者的生活带来不一样的趣味，点亮一个家最真挚的幸福温度。

主打产品 | PRODUCT

▲ Archer

▲ Dome
Zhaocheng Chen

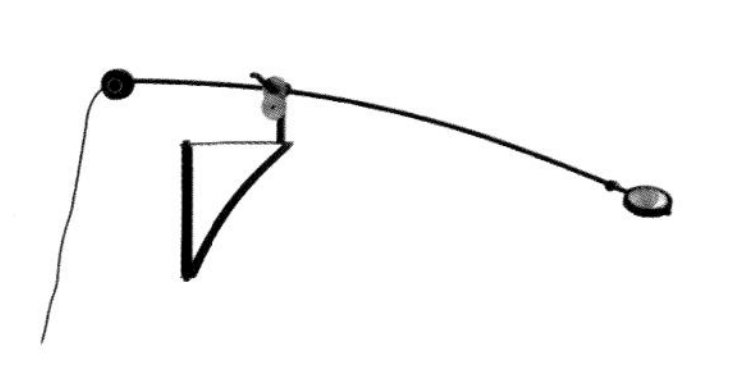

▲ Planet
Zhaocheng Chen

▲ Dobi
Zhaocheng Chen

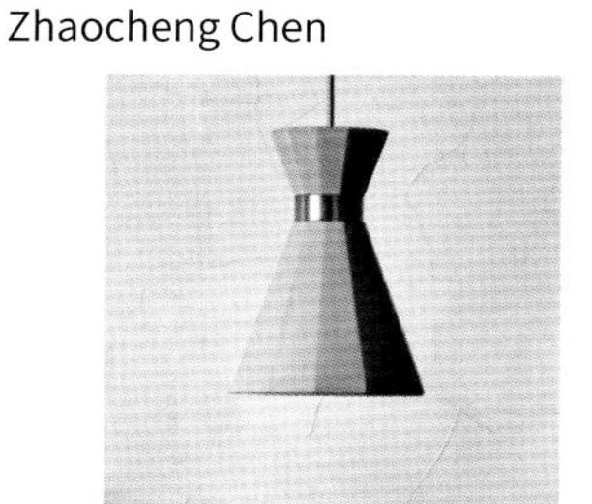

▲ Castle Mermaid 20
Huilun Li

▲ Dora Pl5
Tingting Zhang

▲ MIST
Zhaocheng Chen

▲ ICE
Zhaocheng Chen

设计理念 | DESIGN KEY POINTS

在简约与实用之中调配和谐，如果一件作品只是美，毫无功用，那是艺术品而非设计品了。当 SEEDDESIGN 感受到产品本身功能的不足，希望用新的设计把这块不足补上，让它成为舒服好用的东西。简约、优雅、历久，最终为使用者带来幸福的设计，是 SEEDDESIGN 秉持的概念基准；系列的灵感来源，皆来自深入观察使用者生活习惯后，所产生的设计简单与执著，才能看见真实的内涵与价值。每件作品都被赋予创作者对生活的见解与热情，无论居家或商业场所，都能扮演一个导引空间与人互依关系的灵魂角色。居家照明的最终目的，并非在于光的最大亮度，而是通过光线调动家人间的幸福互动氛围，为人们点亮居家璀璨动人的夜晚。

产品特点 | FEATURES

SEEDDESIGN 期待为使用者生活带来更多趣味，巧妙利用多种材质混搭，与多部位调整结构的创意，使灯饰不仅是空间中的物件，而是有温度、可以把玩、互动、并展现个人独特品位的灯光饰品。置身于光与影的层次交叠间，他们想“点亮”的是家的幸福和你的微笑。简单的美，历经不简单的过程，SEEDDESIGN 设计团队从简约设计概念出发，为了表现利落的线条与实用操作功能，持续地在材质、创作上突破限制。这也是 SEEDDESIGN 设计团队一直强调“实用”的原因，唯有简单与执著，才能看见真实的内涵与价值。生活其实可以很简单地就经由一些小巧思，达到赏心悦目及功能的目的，每样兼具美感与实用需求的设计，来自观察使用者生活习惯而衍发的贴心思考。

展厅代理 | AGENT

专卖店：
SEEDDESIGN 喜的精品灯饰
地址：上海市黄浦区建国中路 10 号 8 号楼 8101A 室
seeddesign.tw

SERIP

SERIP
ORGANIC LIGHTING

品牌简介 | INTRODUCTION

SERIP 从 1961 年起便开始了灯饰创作，经历三代，其产品不仅仅是照明工具，更是如同雕塑般精致的艺术品。也是在这一年，Mário J. Pires Lda 开始使用玻璃和铜生产吊灯。在这一早期阶段，公司提出一个非常经典的概念。在 20 世纪 80 年代早期，SERIP 创建第一个有机风格的吊灯（卤素杯吊灯），尽管当时客户反应并不积极。这一设计走在了时代的前列。1985 年，SERIP 开始探索国际市场并首次参与在巴黎凡尔赛举行的国际贸易博览会。

主打产品 | PRODUCT

▲ Liquid

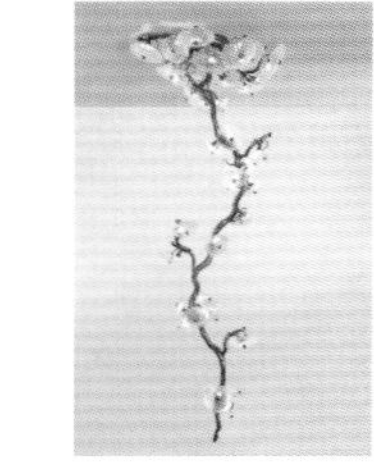

▲ Nenufar

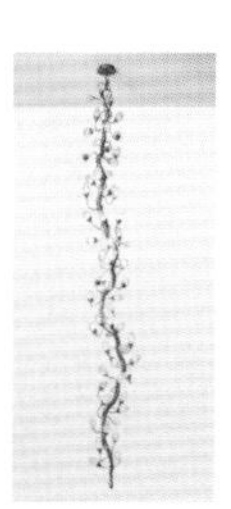

▲ Lotus

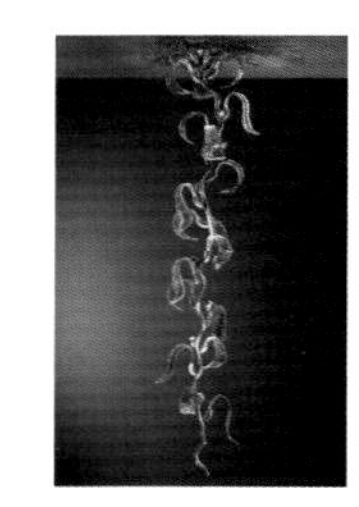

▲ Icarus

▲ Coral

▲ Pathleaf

▲ Geyser

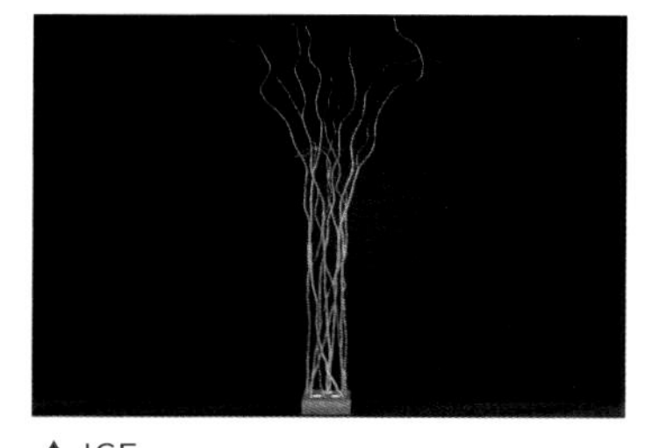

▲ ICE

Zhaocheng Chen

设计理念 | DESIGN KEY POINTS

SERIP 的设计灵感来源于自然界的有机形状。圆形、螺旋形及不规则不均匀的形状使 SERIP 设计具有独特性并立即被业界定义为“有机照明”。在当前设计界主要的对称造型，标准而又单调，这也是工业和机械化生产的产物，SERIP 积极响应差异、不均匀、独特和对比等概念。这些概念是自然界强大而杰出的元素。

SERIP 对照明和寻求设计创新的热情为今天的一体化装饰市场提供了一个独特的视角和观点。由于在整个生产过程中几乎完全没有机械元素的参与， SERIP 的设计反而增添了人情味，因而绝对不会出现两个完全相同的产品。每一件产品都是一个奇异而独特的艺术作品。

产品特点 | FEATURES

欣赏葡萄牙品牌 SERIP 灯具仿佛走入了电影《爱丽丝梦游仙境》的梦幻世界。打破传统规则的束缚，将极简主义、现代、古典等各种风格完美融合，梦幻、浪漫与使人惊艳的缤纷。每一件灯具都出自葡萄牙里斯本的工作室，由技艺精湛的工匠们手工制作完成。在过去的几个世纪中，玻璃制造工匠开发出很多独特的制作工艺技术，大概有 90% 需要熟练的手工工匠完成。就算现在机械不断改进，还是不能完全替代手工，也达不到手工制作的水平。

展厅代理 | AGENT

展厅

北京市马泉营丰汇园

地址：北京市朝阳区马泉营西路 8 号丰汇园

www.serip.com.pt

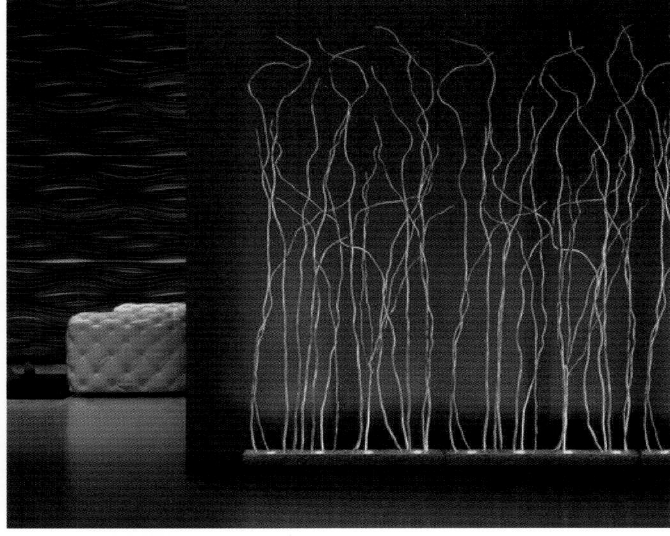

Serip

VISUAL COMFORT&CO

VISUAL COMFORT & CO. Est.1987

品牌简介 | INTRODUCTION

VISUAL COMFORT& CO 旗下拥有丰富的美国设计师资源。近 30 年来，VISUAL COMFORT& CO 凭借天然的材质，卓越的品质和独特的手工工艺成为富有影响力的灯饰设计品牌。VISUAL COMFORT& CO 成为全球前沿设计高标准的工艺和制作的典范平台。

主打产品 | PRODUCT

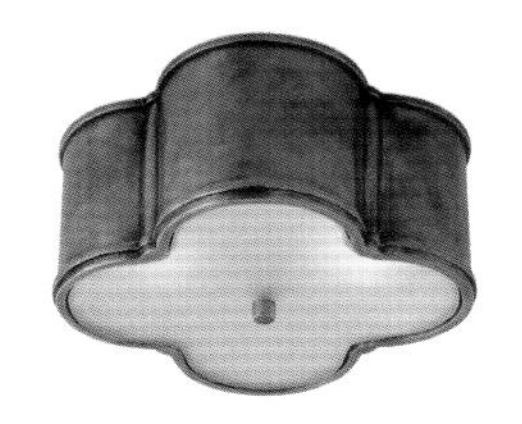

▲ AH4014NB-FG

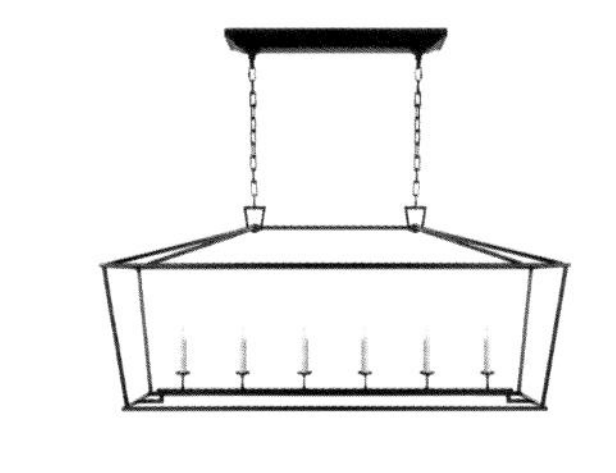

▲ CHC2166AI

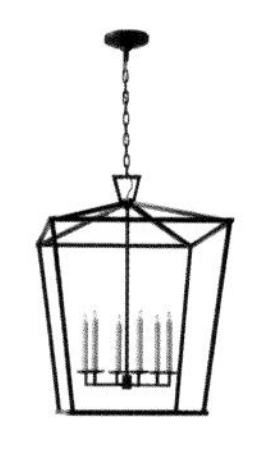

▲ CHC2166AI

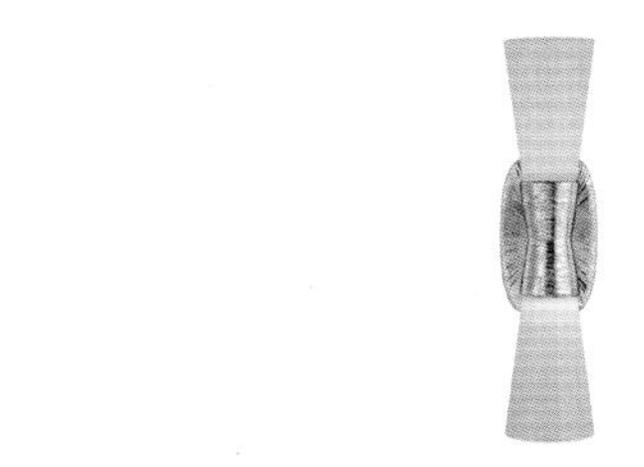

▲ KW2047PNWG

▲ SK5008GI-CG

▲ SL2922AN

▲ TOB2002PN-NP

▲ TOB3650BZHAB

设计理念 | DESIGN KEY POINTS

自 1996 年开始，照明行业的传奇人物 Mr.Sandy.Chapman 就成为 VISUAL COMFORT& CO 的首席设计师，在他的带领下，Visual VISUAL COMFORT& CO 创造出第一个代表性的产品——Chart House，他的古典设计依然为人们定义着传统灯饰的核心理念；Thomas 在室内软装领域广受好评，他是传统与现代风格相结合的灵魂设计师，他的作品以安定而复古的优雅著称，20 世纪和古典形式同样具备的简朴感，以及乡村和精致，舒适和稀贵之间的平衡，造就了他的现代品位；Aerin 在 VISUAL COMFORT& CO 的灯具照明的作品受复古意识形态和中世纪欧式创作的启发，产品古典但不乏现代主义的观念，设计舒适而灵巧，不经意间，生活品质悄然提升。

产品特点 | FEATURES

首席设计师旨在将艺术融于每一盏灯具中，元素使用体贴到位，每一盏灯具的形式比例尺度非常完美，

近 30 年来，VISUAL COMFORT& CO 在设计中使用质量极佳的天然材料，保留天然材料的品质和独特性，坚持手工安装，创造出充满生活气息的照明风格，因此与多位设计名家合作。VISUAL COMFORT& CO 提供各种先进的照明系统，成为独特设计，高端风格和多功能性的代名词。2008 年以 Artemis Home 之名在中国着陆，并迅速扩大，在许多一线城市都有了专卖店。

展厅代理 | AGENT

展厅

深圳唯煦康富商贸有限公司

地址：广东深圳南山智慧广场 B1 栋 2001E

www.visualcomfort.com

emily
jenkins
followill

FOSCARINI

FOSCARINI

品牌简介 | INTRODUCTION

1981 年，意大利顶级灯具品牌 FOSCARINI 由 Andrea Foscarini 创立于浪漫的水都威尼斯赫穆拉岛，创立初期品牌致力将传统口吹玻璃工艺运用于现代灯具设计，以精致的手工玻璃艺术表现灯具的造型及光影美感，奠定了该品牌高品质的稳定基础；意大利 FOSCARINI 灯具涵盖了多样化的素材及许多经典的现代灯具代表作品。

如今，它已成为全世界数一数二的现代设计类灯具品牌。它的作品既处处流露意大利的文化特色，又时刻把握最新的科技和流行趋势，甚至常常自引潮流。

主打产品 | PRODUCT

▲ Tress Table
Marc Sadler

▲ Twice As Twiggy
Marc Sadler

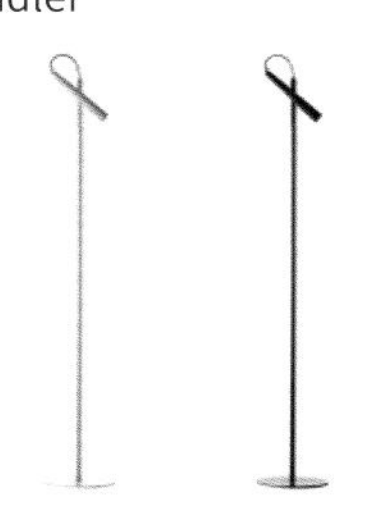

▲ Magneto
Giulio Iacchetti

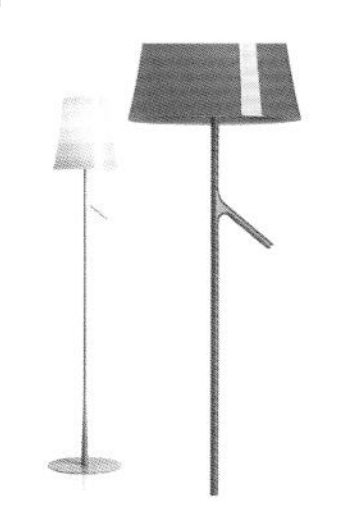

▲ Birdie
Roberto Palomba

▲ Kurage

▲ Satellight Table
Eugeni Quitllet

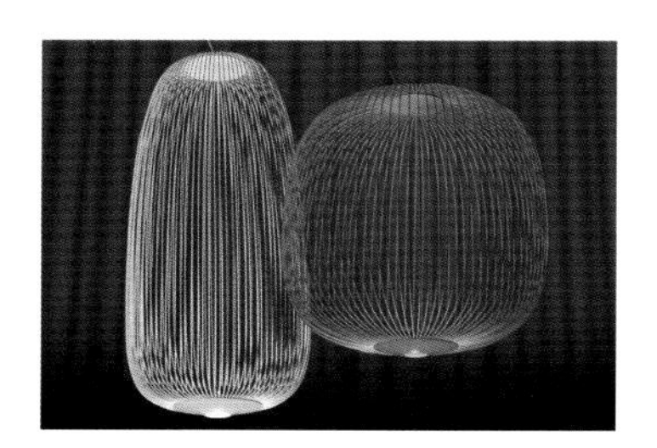

▲Spokes
Garcia Cumini

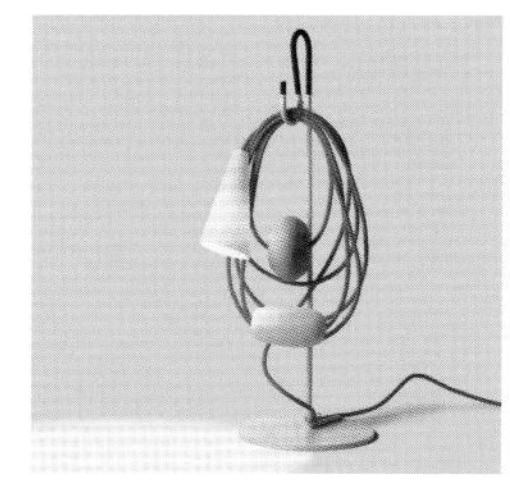

▲ Filo
Andrea Anastasio

设计理念 | DESIGN KEY POINTS

FOSCARINI 是一个意大利顶级灯具品牌。一直致力于研究灯光的情感表达，并通过设计、制造和销售具有当代意大利风格的装饰灯具来实现其创意梦想。专注研发和创新、重视产品文化、不断探索新材质和解决方案，一直是 FOSCARINI 的理念和核心价值。30 多年来，FOSCARINI 一直致力于为使用者带来营造情感空间的突破。Foscarini 与 Marc Sadler、Patricia Urqiola、Ferruccio Laviani、Luca Nichetto 等全球 20 多位设计师合作，应用 20 多种不同的材料，创造出超过 60 个产品系列。

产品特点 | FEATURES

“让世界有光。”从《创世纪》开篇的这一句话开始，我们看到了身边美好万物。通过光影，我们看到明媚，看到温馨；光，是一切感受的主要来源。

2001 年，Marc Sadler 设计的 Mite 落地灯成为首款运用杜邦 Kevlar 纤维的灯具，对 Kevlar 的研究和运用也成为 FOSCARINI 大型灯光雕塑成功的关键。2013 年，FOSCARINI 率先为其经典产品配上专利发明的点阵 LED 光源，其显色指数超越 90，成为行业的高标准，为即将到来的 LED 时代保留人性化的灯光。

展厅代理 | AGENT

www.foscarini.com

BROKIS

品牌简介 | INTRODUCTION

BROKIS 的总部设在捷克共和国，起源自 1809 年，为许多灯具生产灯罩和灯具配件的 Janstejn 玻璃工坊，以生产高规格的波西米亚玻璃而闻名。1997 年起，创办人 Rabell 继而成立了 BROKIS 灯具品牌，将生命奉献给生产精致的照明产品。具有生产优良品质的玻璃的经验，再加上与世界各地知名设计师的合作，创造了当代照明艺术的手工生产风格，他们的成功证明了一个杰出的设计必须和最佳品质相辅相成。

主打产品 | PRODUCT

▲ Night Birds
Boris Klimek

▲ Whistle
Lucie Koldova

▲ Flutes
Lucie Koldová

▲ Memory
Boris Klimek

▲ Puro
Lucie Koldová

▲ Balloons
Lucie Koldová

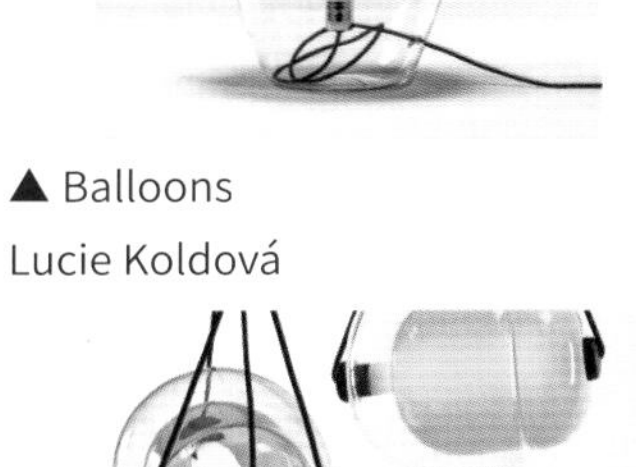

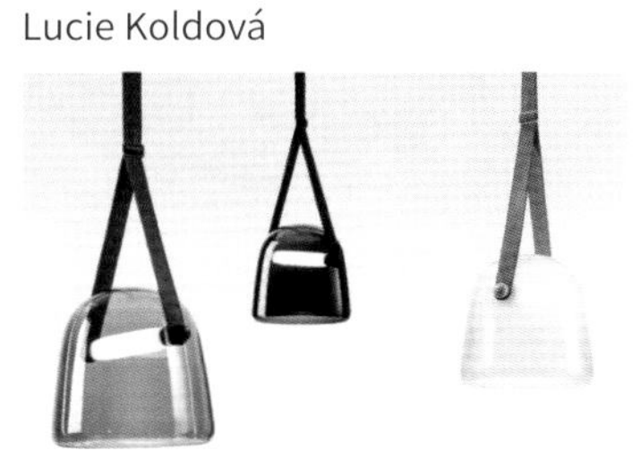

▲ Mona
Lucie Koldová

▲ Capsula
Lucie Koldová

设计理念 | DESIGN KEY POINTS

BROKIS 公司是一家充满活力的新企业，公司根据最新设计趋势制定出独具特色的企业战略，无时限解决方案体现了深刻的简洁性、经济性和融合性，产品具有诗情画意的造型，营造出梦幻般的意境。BROKIS 制造的灯具让家居和办公室别具一格。该公司近年来获得了多项殊荣，其中，中生代设计师 Lucie Koldová 和 Dana Yeffeta 的系列作品尤为突出。

产品特点 | FEATURES

MACARON 台灯对结晶石的美丽和复杂的结构表示敬意。石头镶嵌在精美手工玻璃的对立圆顶上。天然材料的纯度和在加工中应用的手工艺技术已经产生了非凡的效果。使用传统技术生产，MACARON 系列是 BROKIS 品牌独特而持久的美学特征。

展厅代理 | AGENT

hwww.brokis.cz

Artemide

Artemide®

品牌简介 | INTRODUCTION

1960 年，意大利品牌家具公司 Artemide 成立，它融合了传统不断创新的设计风格，成为了有名的国际照明科技灯具生产商，在欧洲灯具行业中占着十分重要的地位。

被称为灯王的意大利品牌 Artemide，品质与创意都是令人赞赏。极简主义的永恒之作，任何的赞美之词都无法贴切表达它的优秀。把握和了解灯具的时效性、代表性的细节处理方式，且坚信“自由”是生命的核心价值，而“设计”则是展现独立个体自由度的最佳工具。简单来说就是，设计是一种创造的活动，是属于认知的行为，而设计的领域是不能加以限制的创意空间。以人为本，处处表达生活的韵味，那么浪漫与美丽的光影效果，自然就会在我们身边展现出来。

主打产品 | PRODUCT

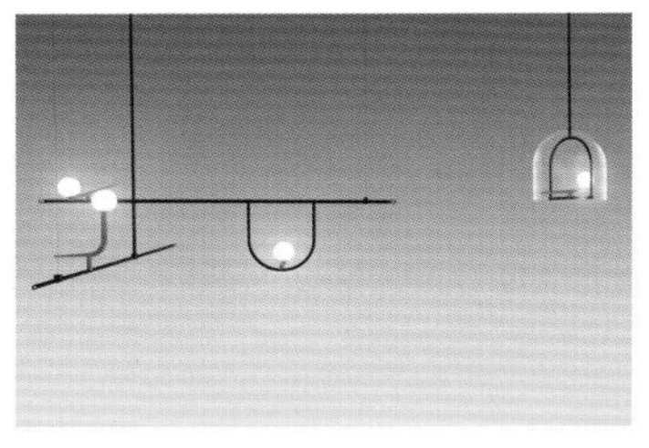

▲ Yanzi
Neri&Hu Design

▲ Scopas
Neil Poulton

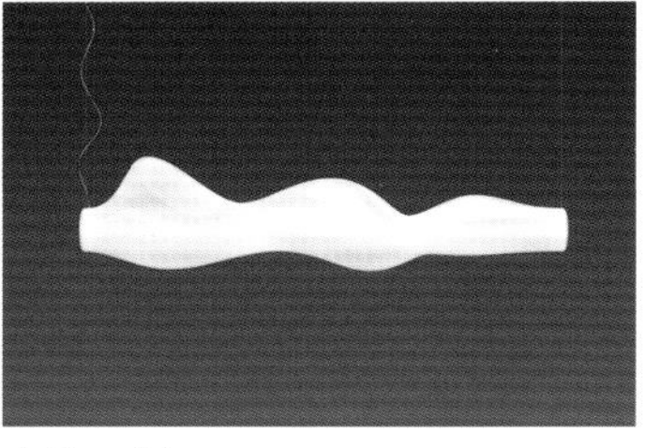

▲ Empirico
Karim Rashid

▲ Copernico
Suspension

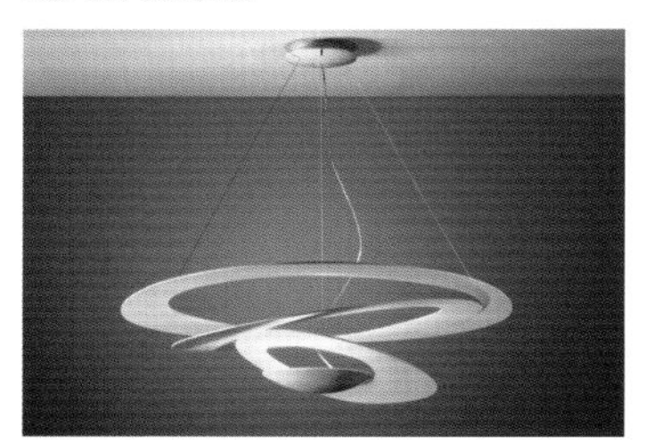

▲ Price
Giuseppe

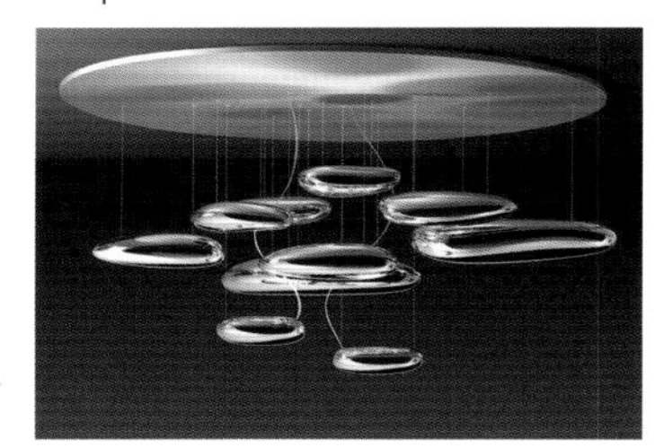

▲ Mercury
Ross Lovegrove

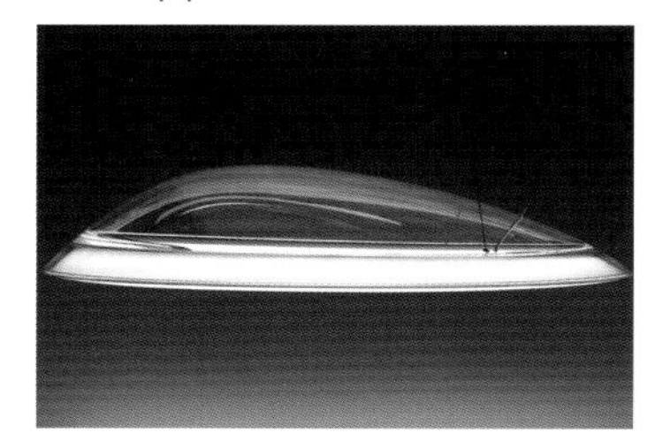

▲ Ameluna
Mercedes-Benz

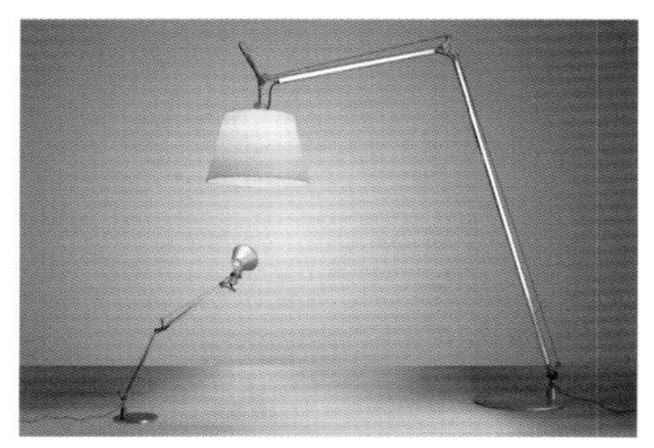

▲ TOLOMEO
Michele De Lucchi

设计理念 | DESIGN KEY POINTS

Artemide 一直以来坚持“人类之光”(HUMAN LIGHT)，也就是富有智慧的光。经典的灯具造型，线条饱满、柔和，细致又富有创意，融入和照亮各种不同的环境，真正做到“润物细无声”。Artemide 的产品尝试在人们的日常生活中与人们和谐沟通，时刻关注人们在生活中和光接触的每个细节。Artemide 专注于环境保护和人类的舒适感。将技术用于人和他们的需求之中。两位创始人毕业于航空专业和导弹专业，将技术与设计的完美结合，百名创意天才的加入为 Artemide 赢得了诸多荣誉。

产品特点 | FEATURES

Artemide 产品的特色在于它不仅是制作精良的工艺品，同时每件都是欧洲著名设计大师的设计精品 。从 Artemide 创立初期，公司就把产品定位为精英消费阶层，出自设计大师之手的独创设计使其产品拥有浓厚的艺术气息。Artemide 一直都走在了世界照明灯具设计的前沿。因它独有的人文照明的设计内涵，众多 Artemide 产品被世界各个著名艺术博物馆作为历史上灯具设计经典作品而永久收藏。Artemide 的许多产品还获得了德国、法国、意大利等设计大奖，作为欧洲灯具界的一项殊荣，Artemide 多次获得欧洲工业界年度设计金奖——GOLDEN COMPASS。

展厅代理 | AGENT

旗舰店：
Artemide
地址：上海市徐汇区文定路 258 号 A102

www.artemide.com

ITALAMP

品牌简介 | INTRODUCTION

ITALAMP 是意大利灯具行业领导者，1975 年由 Matteo Vitadello 创建于意大利的帕都瓦，以 20 世纪新艺术风格的特点为基调，将产品重新诠释为优雅的化身。成功运用意大利著名的水晶和姆拉诺玻璃，作品天马行空且颠覆传统。该品牌商品线广泛多样，为全球各五星级饭店大厅、总统套房、名流配置家居提供灯具，更是国际各知名品牌家具首选的搭配的灯具品牌，是拥有广大支持爱用者的国际明星品牌。作为一个有 40 多年灯具行业经验的公司，ITALAMP 的产品在满足客户苛刻要求的同时，融入现代工业设计理念。ITALAMP 能够拥有今天的成功，也离不开与许多知名设计师、建筑师的合作，他们做出各具特色的方案设计，满足不同的客户需求。

主打产品 | PRODUCT

▲ Lily

▲ 2392-P Tea

▲ 4013-120
S. TRAVERSO

▲ 2421-36 Albatros

▲ 445-10-5 Lenoir

▲ 239-12+12

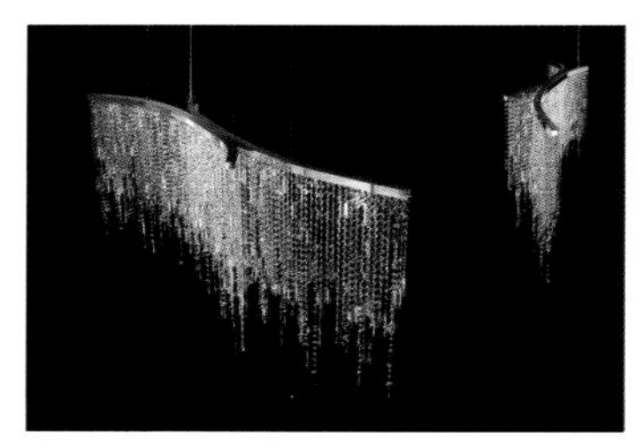
▲ 2305-S Why

▲ Hanging Lamp Chips 8120

设计理念 | DESIGN KEY POINTS

线条及明暗效果，成功将印象中刻板的灯具，打造成为独有的设计感十足的艺术品。让光线尽情彰显屋主的个性与对家的眷恋。ITALAMP 的成功来自于对品质的坚持。不断追求创新的设计理念，以及源自于意大利佛罗伦萨与生俱来的艺术品位，对铸造细节的严格把关，使得 ITALAMP 获得无数崇尚高品位的风雅人士高度肯定。灯具可以给人的生活带来无限惊喜，ITALAMP 也同样可以延伸到生活空间的各个领域。

ITALAMP 每一件作品都有专属的设计理念支持，各款灯具的创作名称，是生活结合时尚艺术的表征。

产品特点 | FEATURES

具有创新精神的 ITALAMP 赋予公司新的生命，通过日积月累的调研，成为致力于光源和照明研究的行业标杆。原材料的精心挑选，对生产的细节控制，设计始终保持与时俱进，使 ITALAMP 呈现由大师手工制作的纯粹完美品质玻璃和水晶的灯具。创新的精神和积极有效的调研引导新形式光源，洞悉市场趋势是品牌的坚实基础。SGS 永久认证高品质标准和 ITALAMP 所有产品生产过程的高可靠性。颠覆制作灯具的传统概念，将多元且新奇的材质与经典水晶及姆拉诺玻璃相结合，经典作品“FAN”便是因此概念而生；采用科技塑化材质展现出犹如芭蕾舞者裙摆的飘扬优雅的“AMUR”，成功地将人们印象中冰冷坚硬的灯座，辅以视觉美感百分百的金箔马赛克，升级柔美曲线品位。

展厅代理 | AGENT

展厅：
但丁家居
地址：黄浦区北京西路 11 号（近西藏中路）

www.italamp.com

moooi

moooi

品牌简介 | INTRODUCTION

荷兰著名设计品牌 moooi 的名字，荷兰语中“mooi”意为“美丽”，多加了一个字母 o，意思是再多加一分美丽。

创办 moooi 的最初目的，是为富有创造力的设计师们提供一个具有逻辑性思考的地点，因为工业设计的作品必须经过与制造商的细致沟通、技术协调与磨练，才能真正变成可生产的产品。于是，moooi 这样一个探索个别设计与大量制造产品的实验所就应运而生。而如今，moooi 品牌已经不仅仅是一个家居用品生产商，它已经成为一种风格的代表，引领着最具创造性的流行时尚。moooi 的涉猎范围涵盖了家居的方方面面，所有产品经过设计师之手均变得与众不同。

主打产品 | PRODUCT

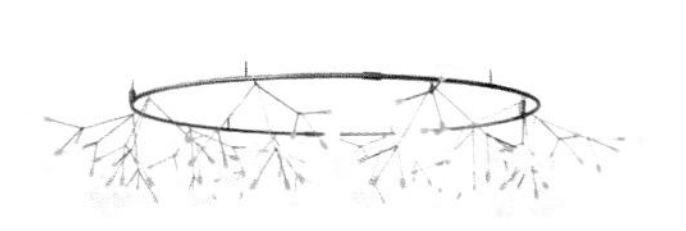

▲ Heracleum

▲ Perch Light
Umut Yamac

▲ Rabbit Lamp
Front

▲ Horse Lamp
Front

▲ Prop Light
Bertjan Pot

▲ Raimond
Raimond Puts

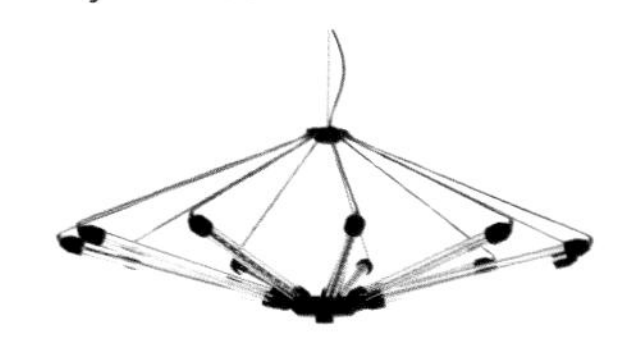

▲Kroon 11
ZMIK

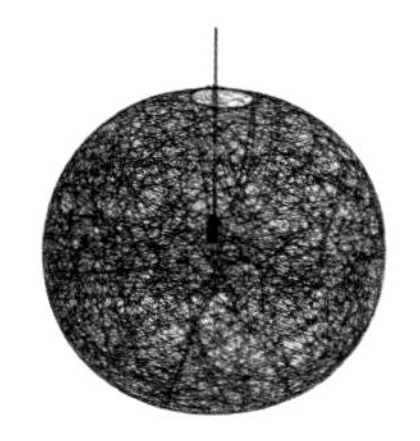

▲ Random Light
Bertjan Pot

设计理念 | DESIGN KEY POINTS

moooi 产品系列的风格独特而大胆、活泼而细腻，设计师坚信设计是一种热爱。产品永恒的美感拥有独特的古典特质，并融合了现代的时尚感。这种融合使品牌专注于明星产品的生产制造。

moooi 设计独树一帜地融合了照明、家具和配套附件产品，这在日常起居的室内空间展现得淋漓尽致，moooi 以各种图案和颜色来装饰的内部环境来适应各种不同风格的空间，并使不同年龄、不同文化和不同性格的人们爱上自己的家居环境。

“我们都是独立的，我们又是一个大家庭。”这是 moooi 设计师的经典格言。moooi 的每一位设计师，一直坚持着这种理念，通过个性的创造与世界进行不断地沟通和对话。

产品特点 | FEATURES

moooi 的涉猎范围涵盖了家居的方方面面，所有产品经过设计师之手均变得与众不同。将雕塑与家居用品完美合一，突显了现代感和大气。在 moooi 的设计中，人始终是核心因素，设计师渴望在功能性之外，创造艺术氛围。人的性格、品位、喜好和感情，都完美地展现在每一件产品中。选择不同的产品，可以展示出每一个人内心的不同侧面，每一种选择都是一个全新的自己。让使用的人除了享受 moooi 的功能性之外，也同时在消费一个观念，一种艺术。旗下设计师擅长运用新科技，、来表达与众不同的概念，使得平常居家饰品，除了满足生活所需，更难能可贵拥有为主人品位加分的艺术质感。

展厅代理 | AGENT

展厅

Moooi 史毕嘉国际家居馆

地址：杭州市下城区杭城武林广场

www.moooi.com

ARMANI CASA

ARMANI/CASA

品牌简介 | INTRODUCTION

高端奢侈 ARMAN CASA 灯具品牌，是诞生于 20 世纪 80 年代中期的著名国际灯具顶级品牌之一。ARMAN CASA 自创立伊始即传承了贵族血统，以其独特风格受到时尚新贵的青睐，其设计风格在坚持一贯的简约理念的同时，也在繁杂的都市生活中寻求自我和个性独立。瞄准追逐时尚的财富新贵一族，ARMAN CASA 在设计上通过奢华时尚、华丽色系、个性设计、暗藏性感的表达来展现新贵的与众不同，令人无须刻意炫耀。ARMAN CASA 在简约中展现着欧洲风格所特有的华贵气质，同时又将现代感巧妙地穿插于经典意境中，更显风情，为财富新贵带来最国际化时尚的家居奢华消费选择。

主打产品 | PRODUCT

▲ Logo

▲ Eveline 2

▲ Cherie

▲ Aladino

▲ Giada

▲ Donna

▲ Aurora

▲ Celebrity

设计理念 | DESIGN KEY POINTS

Giorgio Armani 相信，在对时尚的追求达到极致之后，人们所需要的不仅仅是外在的美，而更在于心灵的体验。透过舒适简约的设计、环保健康的选材、华丽的色彩、独具一格全球首创的鳄鱼纹饰面倾诉着典雅，产品充满着性感的魅力，诠释美学的格调。

阿玛尼家居一直重视着一套完整的美学系统，设计上不断吸纳东方哲学与西方的时尚主义。所有的设计，都在贯彻着“少就是多”的极简主义核心理念。实际上，ARMANI CASA 就是 Giorgio Armni 生活态度及生活品位的折射，也是他低调、优雅时装设计精神的延伸——极简风格、纯手工制作及大气的设计都是 ARMANI CASA 的特点。

产品特点 | FEATURES

作为时装大师，Giorgio Armani 对面料的敏感也充分体现在他的家居布艺作品上。在材质的选择上，独特、讲究的细节是 ARMANI CASA 的特点，家具怀旧中又透露出未来感觉是其最鲜明的特色。另外，张扬的层次结构、太阳图案和金色绚彩，又使 ARMANI CASA 在璀璨之外还拥有扣人心弦的低调华丽。

ARMAN CASA 的美学哲学延续了其时装线的风格——简约、优雅，善于将不同的材质、颜色、面料等完美结合，并注重细节的设计。在其设计里任何繁复无用的东西都会被剔除，每一处都体现了精致的氛围和低调的奢华。一个手柄、一颗按钮、一个装饰螺钉等简单元素，不是大批量生产的。

展厅代理 | AGENT

展厅：

帝幔进口家具奢品馆 B 栋一层、五到七层

地址：上海市闵行区吴中路 1265 号（合川路口）

www.armani.com

范思哲家居（VERSACE HOME）

品牌简介 | INTRODUCTION

范思哲以其鲜明的设计风格、独特的美感、极强的先锋艺术表征征服全球。1992 年初范思哲家居系列的诞生，将品牌极致奢华的概念融入日常生活中。经典的美杜莎头像和希腊回纹象征着奢华与前卫、优雅与神秘。多彩的印花和巴洛克美学等元素将时尚与艺术精妙融合，完美统一了各种对比强烈、反差极大的美学风格。如今范思哲成为意大利奢侈品的典范，享誉世界，已然是名利场中的真正贵族，其带给家居界的时尚奢华之光芒，那么耀眼而让人痴迷。

范思哲家居品牌从传统希腊神话中永恒美丽的象征中汲取灵感。2015 年米兰家具展的作品中将之演绎为现代性和创造性的“语言”，完美诠释着 Made in Italy 的独特风格。

主打产品 | PRODUCT

▲ Medusa

▲ Metro

▲ Via Gesu’

▲ Metro 2014

▲ Greek Big

▲ Greek Marble

▲ Le Jardin Barocco

▲ Onyx

设计理念 | DESIGN KEY POINTS

范思哲家居品牌一贯秉承大胆、强烈、充满诱惑力的设计理念，精致、上乘的面料辅以明亮的色彩和大胆的创意，赋予品牌独树一帜的鲜明风格。

范思哲家居其标志采用的神话中蛇妖美杜莎的造型作为其精神象征所在画面，超脱了歌剧式的庄严、文艺复兴的华丽以及巴洛克的浪漫，并以极强的先锋潮流艺术特征受到世人的追捧，经典即是时尚。范思哲家居持着品牌一贯的华丽风格，体现出神秘的巴洛克风格印花，还有鲜艳夺目的色彩，不仅点出了鲜明的品牌特色，更让每一件作品都像瑰丽、精致的艺术品，那一大片的金黄色，更是闪耀。

产品特点 | FEATURES

范思哲家居坚持着意大利的奢华风范和设计中的时代感，流露着对梦想的追求。范思哲 (VERSACE) 凭借其对戏剧、舞蹈、绘画以及雕塑等各种形式艺术的极大热情，创立之初，范思哲家居系列只包括家居纺织品（只有简单的床单、绒被、枕头和垫子），随后又与德国知名瓷器品牌 Rosenthal 合作了著名的瓷器餐具系列：美杜莎、Meandre、马可·波罗、巴洛克、太阳王、Les Tresors de la Mer 及 Le Jardin de Versace 等。

1992 年之后范思哲家居推出的每个系列都有自己的新主题，这些主题都和某个装饰象征相关，如美杜莎或新古典希腊回纹饰，这些现在已经成为 VERSACE 的标志符号。

展厅代理 | AGENT

展厅：

帝幔进口家具奢品馆 B 栋一层、五到七层

地址：上海市闵行区吴中路 1265 号（合川路口）

禾润世家

地址：成都市高新区天和西二街 189 号富森创意中心 A 座 22 层

www.versacehome.it

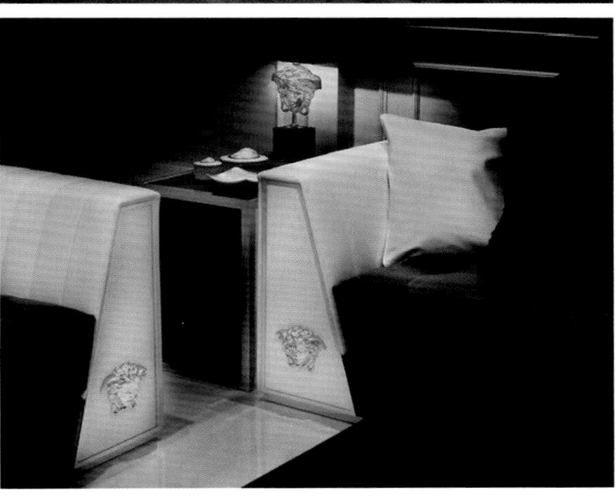

BLAINEY NORTH

品牌简介 | INTRODUCTION

BLAINEY NORTH 是一个室内工作室，专门从事复杂的定制项目。真正的豪华设计需要精确的触摸和对细节的精心关注。 BLAINEY NORTH 聘请了一大批极具天赋的建筑师、室内设计师、平面设计师和产品设计师，确保即使是最小的细节也能得到应有的关注。

BLAINEY NORTH 知道时尚在变，所以他们的设计渴望永恒，优质的家具借鉴了历史的风格。BLAINEY NORTH 工作室在澳大利亚和世界各地从事室内建筑设计，专为五星级、六星级酒店、私人住宅和商业项目打造豪华装潢。BLAINEY NORTH 热衷于从时尚、电影、音乐和视觉艺术中获取灵感，提取出创作理念，创造出一种独特的艺术语言和永恒的审美情趣。

主打产品 | PRODUCT

▲ Astaire Wall Lantern

▲ Dietrich Table Lamp

▲ Fritz Floor Lamp

▲ Rogers Pendant

▲ Spencer Wall Sconce

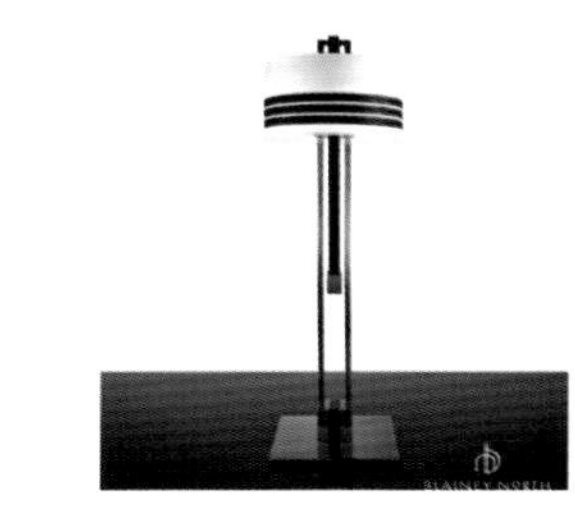

▲ Romero Floor Lamp

▲ Maratea Table Light

▲ Great Garbo Pendant

设计理念 | DESIGN KEY POINTS

BLAINEY NORTH 通过采用当今很少使用的一系列技术，创造出一种精致的形式。收藏灵感来自 20 世纪 20 年代的一些伟大的文学和电影，通过解读个人的特点，将每一个人的个性转化为一个设计，并将其提炼成一个永恒而独特的作品。从第一个素描，初步的定制设计，到优质的材料和精细的制作工艺的采购，BLAINEY NORTH 系列的每一件作品都被考虑到了。灯具是独一无二的，漆木材、精美的金属细节、豪华的皮革和特殊的面料惊人平衡的组合。织物是根据其天然纤维含量来选择的，皮革来源于致力于实施世界环境保护和责任方面都属最佳做法的领先制革厂。

产品特点 | FEATURES

BLAINEY NORTH 所设计的灯具，雅黑金属框架边缘，泛着冷傲的光芒，一抹乳白色靠背搭配着黑色绒面的坐垫，享受舒适体验。金属与皮革的结合，几何图案，方框线条交汇，随着中国元素的流行，BLAINEY NORTH 也尝试在设计中加入中国风。小到灯具，大到旅馆装潢，BLAINEY NORTH 始终贯彻着自己的设计理念，时尚、娱乐、大自然，都能从中汲取灵感，皮革、木材、金属大量结合应用在自己的作品中。所有灯具，在原有的基础上，根据现场空间及客户舒适感，重新设计大小，这正是优雅与舒适的结合。所有照明、地毯和家具根据现场环境定制设计，让空间感官贴近了设计师所想营造的舒适氛围。

展厅代理 | AGENT

blaineynorth.com

LASVIT

LASVIT

品牌简介 | INTRODUCTION

LASVIT 是世界顶级手工定制灯光艺术和特殊玻璃装置及各设计师系列玻璃灯具的设计和生产中心。Leon Jakimic 创建 LASVIT 的初衷是以手工玻璃为媒介用实验性和前卫的设计和制作工艺创作突破传统的灯光照明装置。“LASVIT”这个公司名称由捷克语的“láska”（爱）和“svit”（光）组成，名副其实。LASVIT 的使命是将普通的玻璃打造成精美的灯饰和极具设计感的艺术品。它是捷克玻璃艺术中最为经典的品牌，以创新的几何与创新工艺及杰出的设计扬名全球，以手工吹制的玻璃制成的定制照明雕塑和装置艺术更是达到一定的境界，也是成为众多顶级酒店设计公司指定的合作品牌 .

主打产品 | PRODUCT

▲ Spin Light
Lucie Koldova

▲ Hydrogene
Lars Kemper

▲ Clover
Michael Young

▲ Alice
Petra Krausová

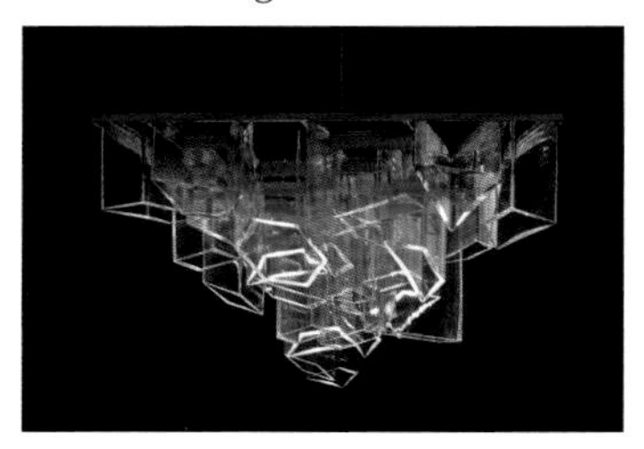

▲ Ice
Daniel Libeskind

▲ Plisse Cloud
Maurizio Galante

▲ Peony
Tána Dvoráková

▲ Crystal Rock
Arik Levy

设计理念 | DESIGN KEY POINTS

LASVIT 将通过捷克玻璃制造的超高工艺展示独一无二的光影效果。如果在你的印象中，灯具只与照明和华丽有关，那么以下这些设计师们的精美作品将带你走进现代灯具艺术设计中，体验一场有关光影与色彩的追逐游戏。LASVIT 传承上千年的波希米亚传统玻璃制作技术，以代代相传的制作流程和手工技艺，履行其“引进以玻璃为介质的设计和灯饰”的企业愿景，这既是对当代设计师创意力的集聚，又是对经典艺术作品的致敬，同时亦是对当代设计观念的表达。许多著名的设计师和艺术家都争先与其合作，制作出独一无二的玻璃系列，之所以选择 LASVIT，是因为 LASVIT 能够将其前卫的艺术眼光具象化。玻璃艺人们凭借精湛的技艺赋予一块块普通的玻璃新的生命，创作出令人惊艳的毕生之作。

产品特点 | FEATURES

Ice 吊灯打破了捷克吹制玻璃工艺传统造型的局限，以棱角分明的设计挑战极致视觉享受。多种几何造型经过别出心裁的扭转拼接，在高达 1 米的等边三角形体中打造出奇妙的效果。Clover 是 Super Clover 的直接衍生系列。设计师通过对错列空间内不同组合照明效果的大量数据研究，力求以几何造型表现灯饰之美。以传统吹制工艺将水晶玻璃吹入山毛榉材质的模具，旧式工具与现代玻璃艺术品的巨大反差赋予了该系列极大的活力与张力。利用布满焦痕的旧式模具，沿用捷克老匠人古法炮制，打造出仿佛将玻璃窑炉的光与热凝固其中的独特观感。巧妙地展现了人与自然的和谐统一，光与影的梦幻交织及真实与幻境的完美融合。

展厅代理 | AGENT

www.lasvit.com

BRABBU

品牌简介 | INTRODUCTION

BRABBU 是一个新古典新时尚的设计品牌，反映了一种充满力量和竞争的都市生活，设计和生产各种各样的灯具、地毯、艺术和配件，通过产品的材料、质地、气味等产品的内在属性向人们阐述关于自然和世界的故事。BRABBU 带给人们的不止是一件设计作品，人们将获得一个多样性的空间，这个空间与你的个性达成完美切合，选择 BRABBU，你会得到超过一个设计作品，你会得到满足与回忆和独特的感觉，以及你的空间和个性完美和谐的空间多样化。BRABBU 设计件是一个感官的礼物。每天 BRABBU 设计师和工匠部落寻找最具创新性的材料和技术，使空间具有达到应有的舒适和功能。

主打产品 | PRODUCT

▲ Apache Modern

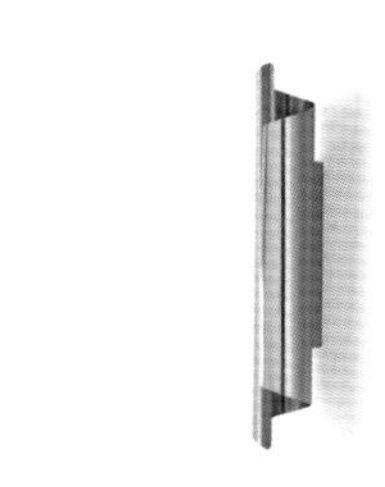

▲ Cyrus Wall Light

▲ Horus Brass

▲ Kendo

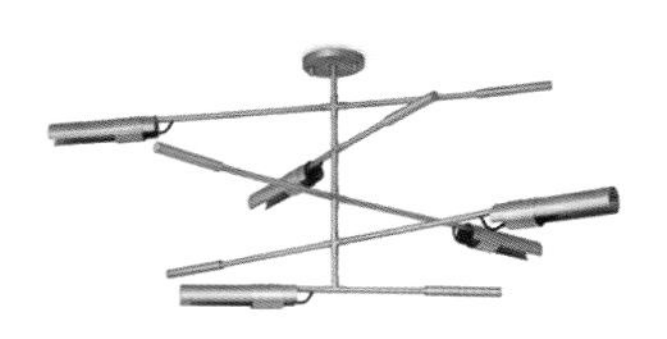

▲ Koben Contemporary

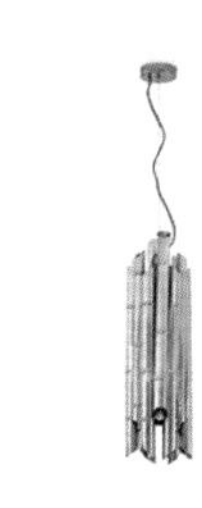

▲ Saki Brass

▲ Saki

▲ Vellum

设计理念 | DESIGN KEY POINTS

品牌本身所要传达的理念是力量、强度及品质。旅行，让我们自己置身于不同的故事和文化中。从过去中学习，尤其是中世纪。这所有的一切加起来造就了 BRABBU，形成了 BRABBU 的精神内核。当 BRABBU 成立之初就很清楚要去传达的内容。不仅仅是简单地设计灯具，每一个被设计出来的产品都有一个新的故事可以讲述。BRABBU 远超设计作品，你可以获得不同的充满记忆和独特感觉的空间，把空间和个人特质完美地融合在一起，达到一种平衡。BRABBU 设计的作品是“感觉”的礼物。BRABBU 的生活风格给人一种热情的生活方式，永远在寻找新的发现，新的记忆和新的故事。

产品特点 | FEATURES

BRABBU 用现代的材料模拟自然的视觉，在原始的环境中展示都市平凡的生活，但不是浮华，而是一种野性、冲击和力量。BRABBU 在最开始用的色彩是自然中比较常见的色彩，比如绿色和蓝色，后来为了使色彩更加丰富，加入了一些更加强烈和鲜艳的颜色。在材料上运用现代流行的黄铜、有宏伟之感的大理石来进行制作。BRABBU 擅长通过产品的材料、质地、纹理及色彩等内在属性向外界阐释了空间和个人特质的完美结合。BRABBU 在设计产品时，既理性又任性。首先将设计想法在纸上呈现出来，经常是在每周的设计会议上实行，然后是用软件设计出产品的视觉效果，只要这个产品符合品牌的理念，那么其他的一切都不成问题，就会把这个产品带到现实中来。

展厅代理 | AGENT

www.brabbu.com

RESTORATION HARDWARE

RESTORATION HARDWARE

品牌简介 | INTRODUCTION

RESTORATION HARDWARE 是一个美国品牌，家居行业中的翘楚，主要生产高端的“新复古”灯具、家具。产品具有强烈的肌理感及品牌调性。产品质量很高，同时还出产一些露天阳台及室内家具的装饰品。这是一个充满能量和创新的公司，团队能够时刻与最新的潮流保持一致。而初见的产品，会有极大的惊喜，仿佛有一种让人置身 20 世纪早期的美国，厚实的外形、天然的纹理与手工痕迹都可以很强烈地使人感受到浓郁的北美风情及十分质朴的亲切感。

主打产品 | PRODUCT

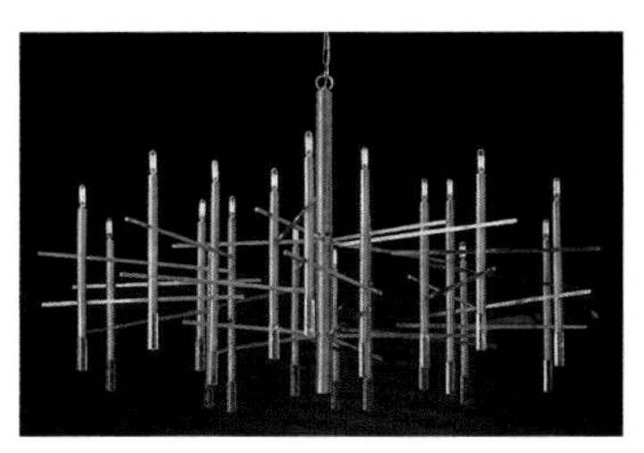

▲ Lynx Chandelier 64

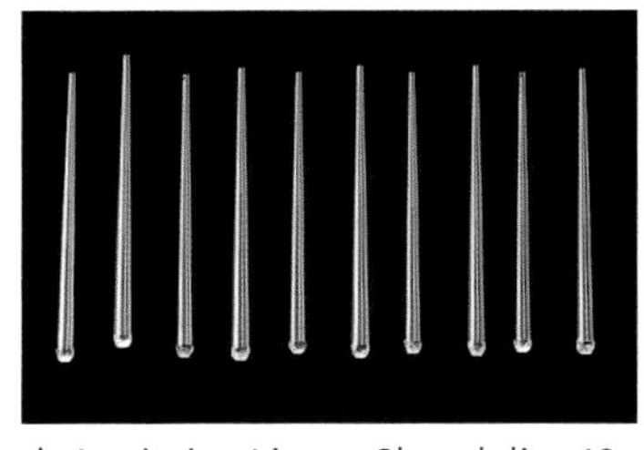

▲ Aquitaine Linear Chandelier 48

▲ Bistro Globe Clear Glass 8-Light Chandelier

▲ Counterpoise Task Table Lamp

▲ Wright Floor Lamp

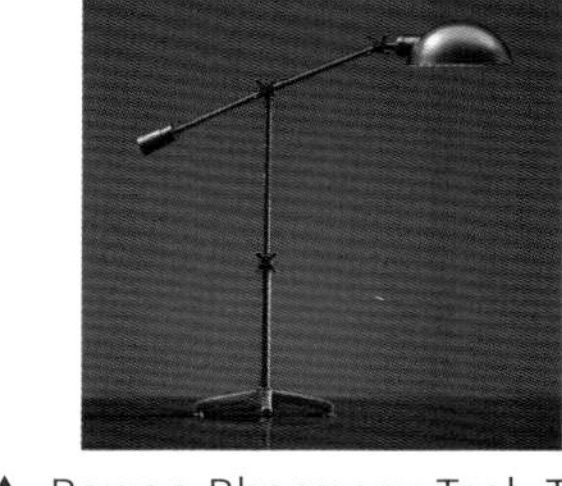

▲ Rowan Pharmacy Task Table Lamp

▲ Royal Marine Tripod Floor Lamp

▲ Foucault's Orb Smoke Crystal Table Lamp

设计理念 | DESIGN KEY POINTS

RESTORATION HARDWARE 是一个具有创新性的家居品牌，它颠覆了传统概念里对美式的理解，复古却典雅出众；它颠覆了传统的卖场布置，摆放毫不花哨却彰显大气；它甚至颠覆了整个家居行业对于美式的形象定义。其设计风格拥有鲜明的个性，这样的鲜明个性往往被消费者认为独一无二，也因为这种个性，并不是所有空间都可以驾驭。RH 品牌产品造型较之传统美式，简约、清爽，看似设计传统简单，但在简单中暗藏玄机，并对工艺要求十分之高，难以复制。

产品特点 | FEATURES

RESTORATION HARDWARE 产品以金属材料为主，其天然的纹理与手工痕迹恰恰是当今社会对产品环保与返璞归真的呼唤。因为风格相对简洁，细节处理便显得尤为重要。大量采用金属做旧，可以在不同角度下产生不同的光感，这使得美式灯具比金光闪耀的意大利式灯具更为耐看。RESTORATION HARDWARE 脱胎于传统美式，柔和大量美式乡村和部分维多利亚式的装饰手法，正好迎合了当今社会对整体家装风格中关于对传统、轻松、田园、精致、典雅的需求。

展厅代理 | AGENT

钛得展厅

地址：北京市朝阳区樱花东街甲 2 号北京服装学院中关村时尚产业创新园 103 号

www.restorationhardware.com

FLOS

FLOS

品牌简介 | INTRODUCTION

FLOS 是照明行业的摩登公司，于 1962 年成立于意大利的梅拉诺市。该品牌许多设计于 20 世纪 60、70 年代的明星产品，被业界许多专家称为“贵族式风格”。经典的流线造型和简约高贵设计，使 FLOS 品牌历经几十年的考验，直至今日仍是世界照明设计的引领者。FLOS 在拉丁语里意为“花”，花花草草是自然的精灵，FLOS 设计师在自然中找到灵感，创造典雅的造型与优美的线条。

主打产品 | PRODUCT

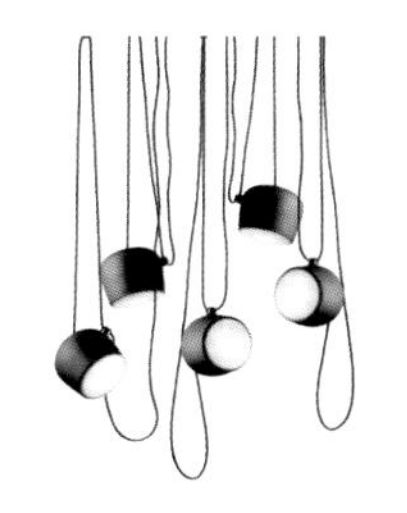

▲ Aim
Ronan

▲ Arco
Achille Castiglioni

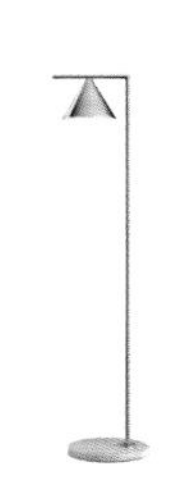

▲ Captain Flint
Michael

▲ Ic Lights S1
Michael

▲ Serena
Patricia Urquiola

▲ Skygarden
Marcel Wanders

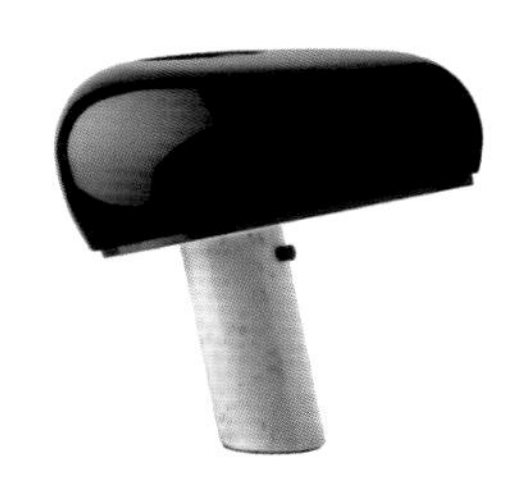

▲ Snoopy
Achille Castiglioni

▲ Taccia
Achille Castiglioni

设计理念 | DESIGN KEY POINTS

FLOS 以改善人们的生活为宗旨，照亮了几代人的梦。他们凭直觉相信：围绕灯与光，可以不断地创造出标新立异的作品，把新语言与新想法编织到一起，绘制成生活中美学和自由的新篇章。FLOS 能在国际走红，与它持续能网罗才华洋溢的设计师有关。FLOS 每年很少出新品，但是一出手必须引起业界的欢呼。因为有很多国际的知名设计师跟他们一起合作，所用材料也是顶级的。灯具经历了几十年的时光，依然春光灿烂，没有跟随时间的流逝而失去光华，依然为向人们证明：经典就是经典，我就是我，FLOS 为设计而生。

这就是 FLOS，平衡在艺术与设计、工艺与工业、限量打造与大规模生产、个人想法与众人想象的界限间，永远站在碰撞的临界点。

产品特点 | FEATURES

大弧度抛物线造型的立灯、光线柔和的玻璃球灯，这些常在餐厅或豪宅样品屋出现的灯具，都是意大利名牌灯具 FLOS 的产品。FLOS 在灯界的地位，就好比是劳力士之于表界、LV 之于精品界。FLOS 灯具是时尚设计与一流加工技术的代名词。该公司产品的超群之处在于其典雅的造型与优美的线条。灯具会给人耳目一新的感觉，在它外观上可以看到现代风格与古典风格的融合。产品由世界知名设计师切泽尔·卡西纳、吉诺·卡文那、飞利浦·斯塔尔克、艾舍利及皮埃尔·泽科莫·卡斯丁里尼等设计。高质量与知名设计师的参与研发，使得 FLOS 产品能够长期在灯具市场上一枝独秀。许多产品成为时尚与经典的典范。因此业界许多专家也将 FLOS 的设计风格称为“贵族式风格”。

展厅代理 | AGENT

展厅
史毕嘉国际贸易（上海）有限公司
地址：上海市娄山关路 75 号虹桥吉盛伟邦 308 号

flos.com/home-lighting-collection

Tom Dixon

品牌简介 | INTRODUCTION

来自于英国工业设计风格代表品牌的 Tom Dixon，追求设计的永续性，更多地融入了怀旧英伦风，以工业感为大基调，建立起一种后现代的设计。有着英式的硬朗和线条，将生活与前卫技术完美结合。工业与创新向来是设计鬼才 Tom Dixon 及其同名品牌的风格标签，作为当代英伦家居风格的品牌，产品涵盖灯饰和家具，远销全球 60 多个国家，同时 Tom Dixon 也是全球各大酒店、餐厅和博物馆力邀的设计行家。2012 年 Tom Dixon 正式推出家饰产品线 Eclectic by Tom Dixon，从别具一格的开酒器到手工敲制的铜质餐碟，通过日常物件更广全定义 “汤式生活”。

主打产品 | PRODUCT

▲ Beat Fat Pendant

▲ Copper Round Pendant

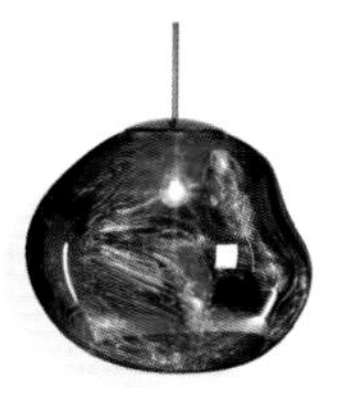

▲ Melt Pendant

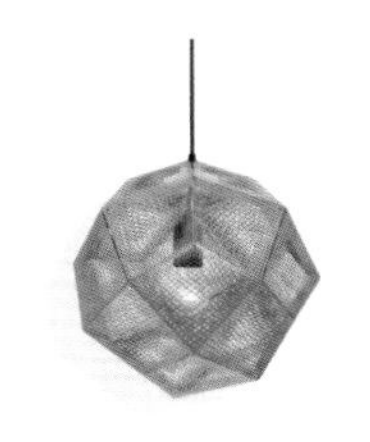

▲ Etch Pendant Brass

▲ Plane Round Pendant

▲ Beat Floor Light

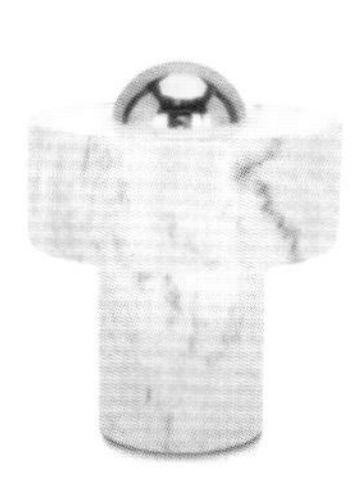

▲ Stone Table Light

▲ Base Floor Light Brass

设计理念 | DESIGN KEY POINTS

除了 Tom Dixon，很少有人能把黄铜设计得这么美，这个半路出家的设计师浑身都带着一股子反叛的摇滚气，而经他之手的又全是一些有棱有角的锐利金属，仿佛要刺破这个庸常世界一般，把普通人眼里的破铜烂铁焊在一起，创造出独一无二的艺术品，由“金属”变为“美金”。Tom Dixon 非常了解材料的特性与制造的流程，所以他的设计总是充满浓浓的工业风，加上恰到好处的比例，整体美感可说是以时间和心血证明的。最重要的是，由于 Tom Dixon 非常不喜欢盲目地跟随潮流，因此每一件作品都直接反映出创作概念、材料或是工法，而且没有多余的装饰和一大堆的附加功能，更省却不必要的设计语汇，只剩下品牌最想传达的理念。

产品特点 | FEATURES

Tom Dixon 之所以致力追求设计的永续性，就在于他深刻体会到，每个设计都可能随着不同的背景，被摆放在不同的时空里。因此，他想创造出适用于各种空间、经得起岁月考验的作品，这也正是他坚持反时尚流行的原因。不是说时尚不好，Tom Dixon 只是想要强调，流行之物太具时间敏感性，很快就会被淹没在时代的洪流中，而这样很容易造成空间摆设的冲突与矛盾。Tom Dixon 与英国古典家具品牌 George Smith 合作，Tom Dixon 的现代设计与 250 年历史的传统手工技艺，缝纫技术与精湛的手工木作，将代代相传的百年技艺继续传承，材质上的选用，也谨慎地融入环保概念，采用各种可回收再利用的材质，结构上所使用的木料来自人工培育的永续森林，内部使用天然棉花、羽绒等填充。

展厅代理 | AGENT

展厅：

帝幔家品家饰馆 / B 栋一层 / 五层

地址：上海市闵行区吴中路 1265 号（合川路口）

www.tomdixon.net

KEEP
CALM

KEEP
CALM
NOM, Nom

OLUCE

品牌简介 | INTRODUCTION

OLUCE 于 1945 年由 Giuseppe Ostuni 创立，经过时间的洗礼，该品牌已成功打造出一个产品系列，它就像产品本身一样，那么丰富，那么五彩斑斓。该系列涵盖的产品足以超越潮流，成为意大利设计的标志。如今仍活跃于市场上的历史悠久、经验丰富的意大利灯具设计公司 OLUCE，产品丰富、创意性十足。

公司产品在第九届米兰三年展 (IX Triennale di Milano) 展出，收获了两个金罗盘奖 (Compasso d’ Oro)、一个国际设计奖公司在第十三届米兰三年展 (XIII Triennale di Milano) 收获了金牌，其旗下产品已位列世界最重要的永久设计收藏之中。

主打产品 | PRODUCT

▲ Atollo - 233
Vico Magistretti

▲ Lu-Lu - 311
Stefano Casciani

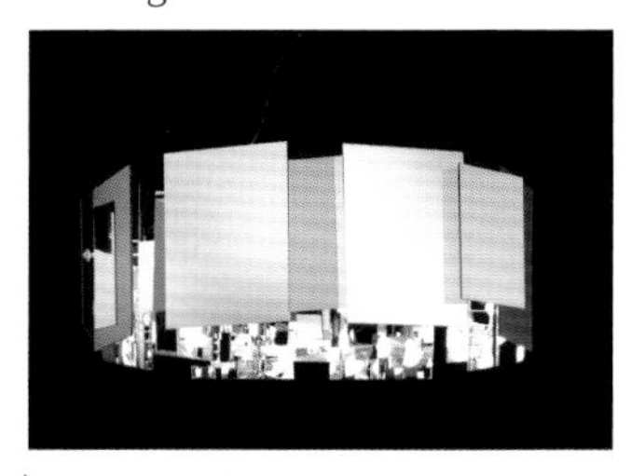

▲ Coroa - 480
Emmanuel Babled

▲ Semplice - 226
Sam Hecht

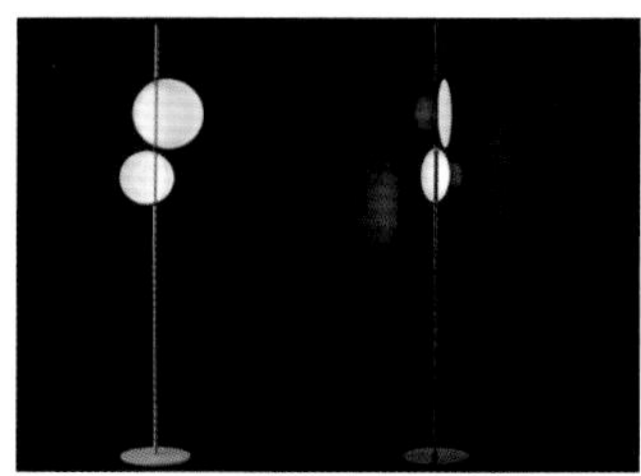

▲ Superluna - 397
Victor Vasilev

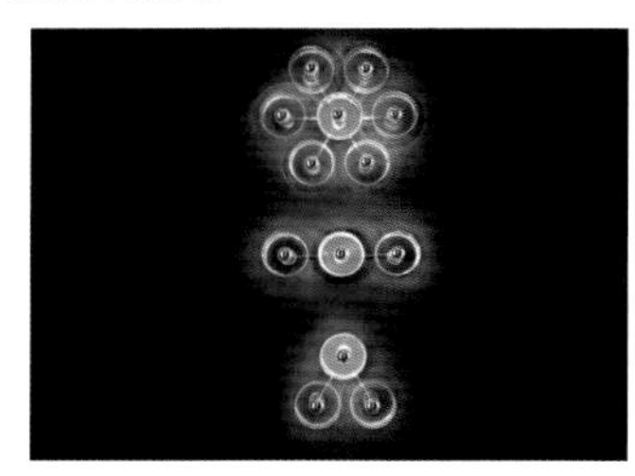

▲ Fiore103-123-139-173
Laudani Romanelli

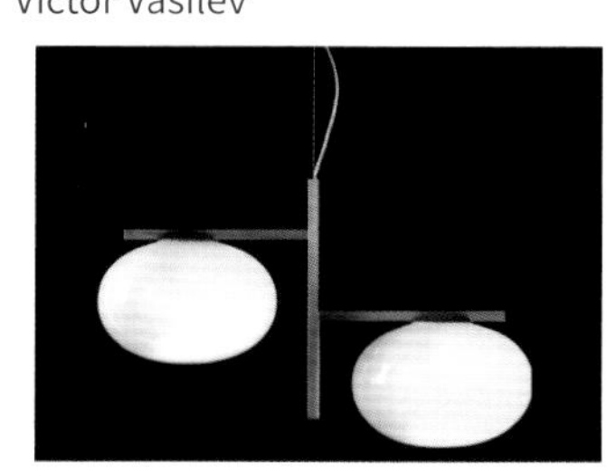

▲ Alba - 468
Mariana P

▲ Coupé - 2202
Joe Colombo

设计理念 | DESIGN KEY POINTS

2001 年，OLUCE 在灯饰展上的展品采用了白色姆拉诺玻璃晶石和透明有机玻璃线管。此展品由 Laudani & Romanelli 和 Ferdi Giardini 操刀设计，他们提出了一种设计方案，超越了自身的功能性，并转向了颇具诗意的设计。公司秉承了 OLUCE 设计理念，不断倾听来自国际市场上对照明设计的反馈，继续沿着设计之路不断前行。这个小型设计师团队随后又额外吸纳了美国设计师 Tim Power、芬兰设计师 Harri Koskinen 和意大利设计师 Carlo Colombo。最后，也称作 Nendo 的日本的年轻设计师 Oki Sato 加入了 OLUCE 团队。但是这已经不再是 OLUCE 的历史，而是 OLUCE 对当代设计领域的倾力巨献。

产品特点 | FEATURES

创办人 Giuseppe Ostuni 以其前瞻眼光，从最早期与设计巨匠 Gio Ponti 合作开发的 Agnoli 立灯，历经 20 世纪 60 年代；与 Joe Colombo 合作的 Spider Fresnel 与 Coupe 系列，在 1967 年为 OLUCE 荣获首座意大利金圆规奖 Compasso d`oro。OLUCE 这个意大利老厂牌虽然历经经营权易主的时期，却在 Vico Magistretti 担任设计总监的多年领导下，秉持创新的品牌精神，与多位设计师创造出许多经典佳作。该公司的技术知识水平及其在世界范围内的设计项目促使其建立了量身定制服务，专门服务于商用产品领域。这是一种产品个性化服务，尤其是用于这类创造性产品的设计。除了目录产品中的产品以外，公司还可以制作符合特定需求的灯具，或在现有产品系列的基础上进行修改。

展厅代理 | AGENT

代理
Loft29 Collection 中国台湾

www.oluce.com

Barovier&Toso

Barovier&Toso®

品牌简介 | INTRODUCTION

意大利 Barovier&Toso 公司以生产由陶瓷与玻璃制成的吊灯而闻名于世。Barovier&Toso 也是历史悠久的工厂，凭借这一点工厂被收入了吉尼斯世界纪录。公司生产威尼斯玻璃制品已经有将近 100 年的历史了，生产工艺代代相传，今天掌握生产这种制品技术的工匠不超过 20 人。Barovier&Toso 公司手工生产各类照明器材。第二次世界大战期间，Barovier 家族和同样精通于玻璃艺术的 Toso 家族联姻，共同创立了 Barovier&Toso 品牌。超越 70 年的历史沉淀，Barovier&Toso 将玻璃与璀璨夺目的奢华发挥到极致。与只能保存若干年的其他奢侈品相比，Barovier&Toso 的水晶吊灯能够将经典世代相传——每件作品、每盏灯都是“永恒”。

主打产品 | PRODUCT

▲ Angel

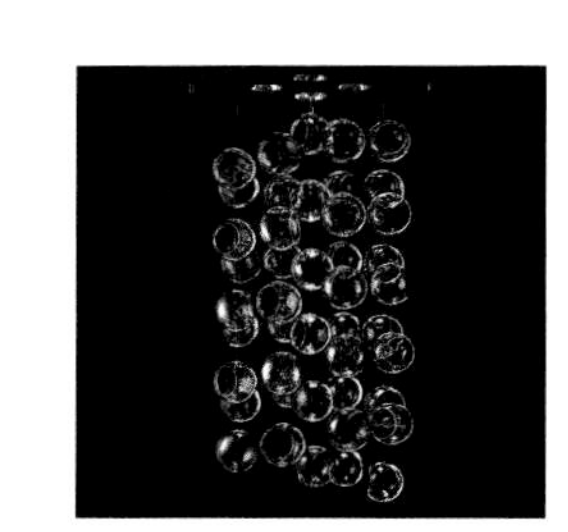

▲ Optical

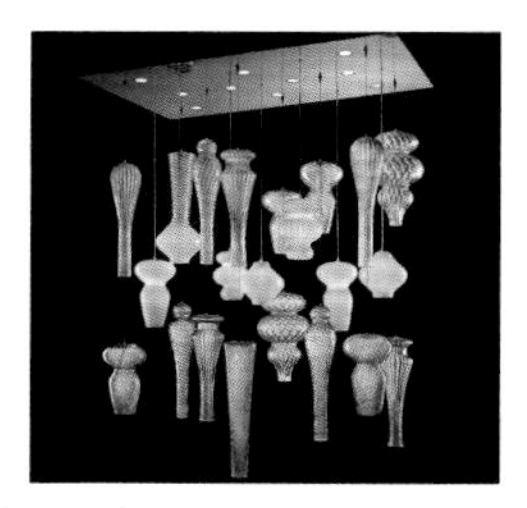

▲ Mazzodromo

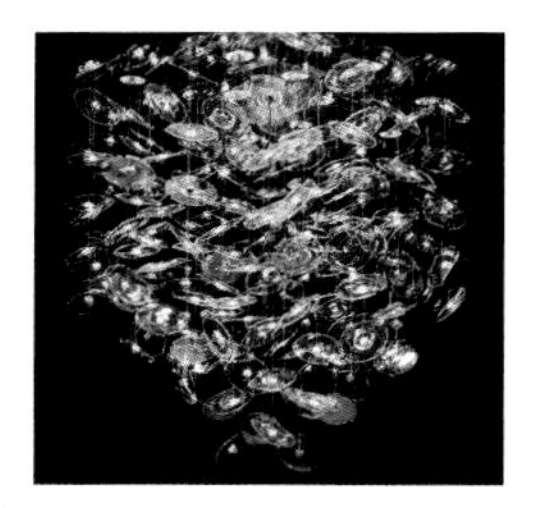

▲ Exagon

▲ Hanami

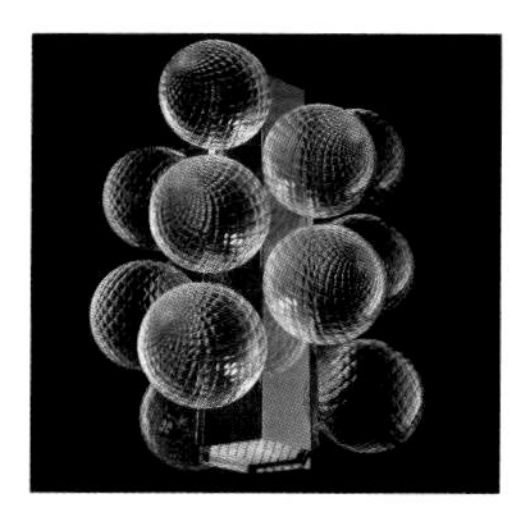

▲ Lincoln

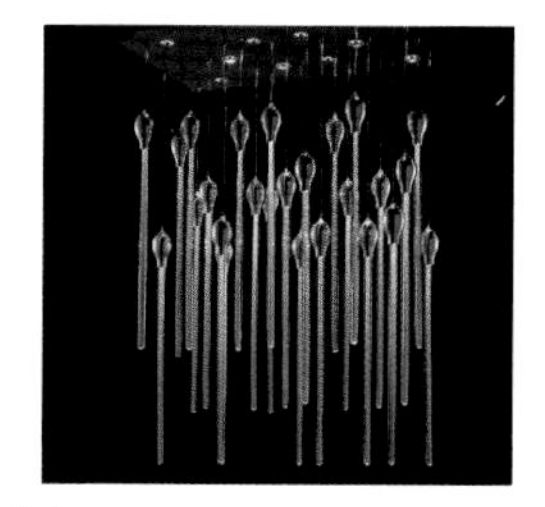

▲ Liuk

▲ Alumina

设计理念 | DESIGN KEY POINTS

Barovier&Toso 灯具是传统工艺与现代高科技的结晶，能够满足最挑剔的消费者的需求，在设计上既有古典风格也有新古典风格。

Barovier & Toso 一直引以为豪的姆拉诺玻璃传统工艺，是提出观点、方案、创新和原创项目的根本出发点，创始家族的历史使 Barovier & Toso 的品牌发展传承了这种理念。 Barovier&Toso 的灯具能够带给人激情，传递积极的感受，创造特殊的情感氛围，它们的价值能够随着时光的流逝沉淀得愈发厚实。从 20 世纪 60 年代开始，Barovier&Toso 就开始了与国际知名顶级设计师的合作，不断推陈出新。凭借着一系列高质量的产品、大胆地创新和无数忠实客户的默默支持，Barovier&Toso 的品牌定位一直是高端灯具市场的佼佼者。

产品特点 | FEATURES

凭借着这些优势，Barovier&Toso 成为行业内无人比拟的耀眼明星，它无数美妙的创意成为 Murano 岛上、甚至是国际其他知名玻璃艺术创作者的灵感来源。同时，随着客户的要求越发精细和求新，Barovier&Toso 能够准确无误地在第一时间抓住顾客所想，提供最细致的服务和建议，设计出顾客心中最满意的产品。

对于传统，Barovier&Toso 并非一味死守，也没尽数摒弃，只是继续坚守在姆拉诺岛上，不断创造属于自己的设计、探索更新的形式，为古老的工艺注入新的血液和灵魂。照明方案并非仅仅是营造空间氛围，还会塑造活泼而积极的情调，使每一处生活空间都能与众不同。

展厅代理 | AGENT

www.barovier.com/en/

FENDI CASA

FENDI
CASA

品牌简介 | INTRODUCTION

始创于 1925 年的芬迪 FENDI 秉承意大利精湛的工艺技术，以出品顶级皮草、包具闻名于世。其推出的 FENDI CASA 是较早将奢侈品牌引入家居领域的品牌，已成功跻身世界顶级家具行列。作为意大利高端家具的典范，FENDI CASA 以其纯正血统演绎着意大利制造精髓：将精致的制造技术与设计灵感相结合，在完善产品功能性同时满足审美品位需求。

世上没有比家更好的地方，自 1989 年， FENDI 在纽约第五大道精品店首次亮相 FENDI CASA 家居家饰系列，FENDI 奠定了自己在世界范围内引领家居时尚潮流的领导者地位。

主打产品 | PRODUCT

▲ Orione Suspension Lamp

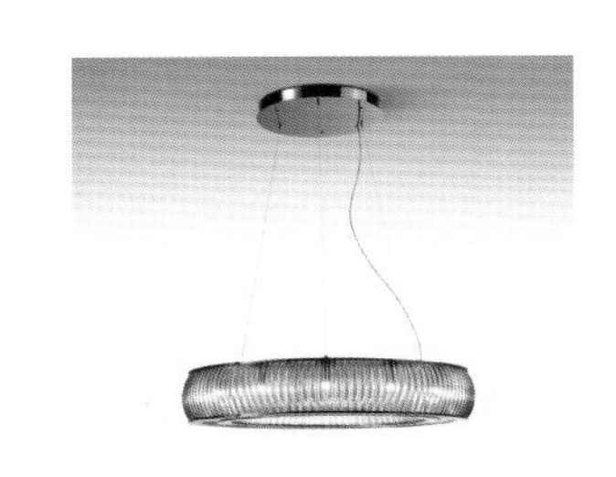

▲ Reha Suspension

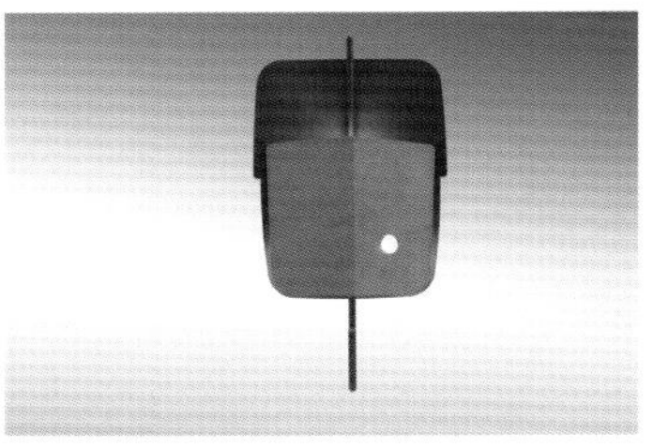

▲ Velum Lamps

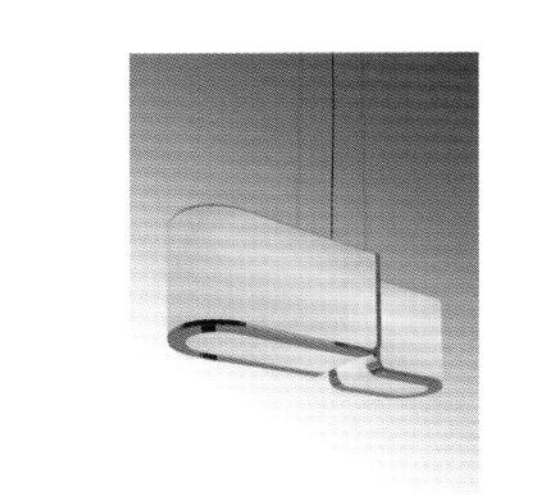

▲ Heron

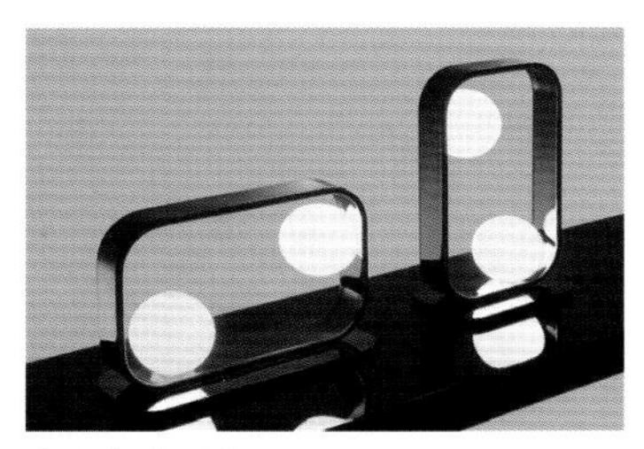

▲ Infinity Lite Lamps

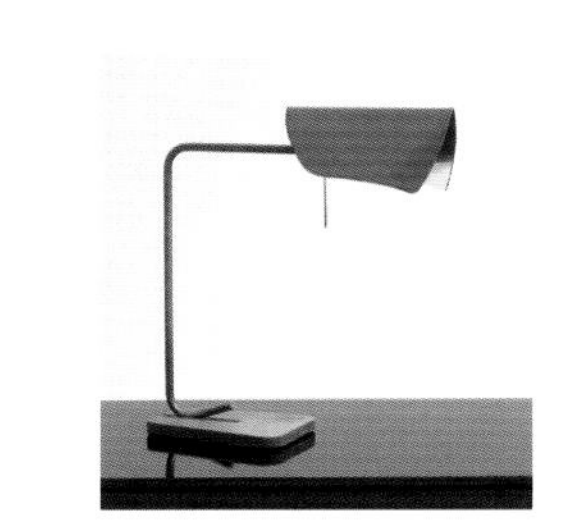

▲ Velum Table Lamp

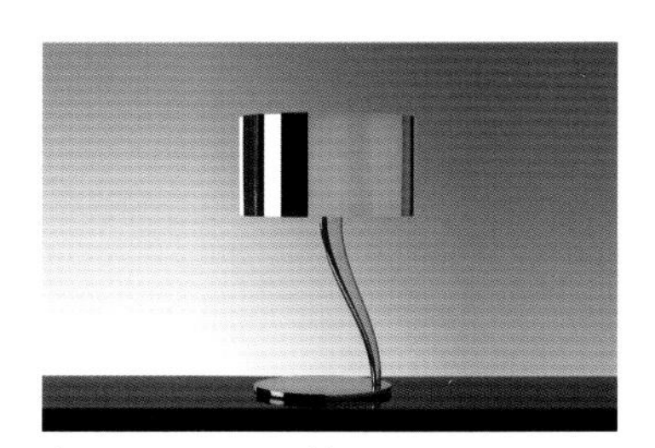

▲ Cassiopea Table Lamp

▲ Ephedra Table Lamp

设计理念 | DESIGN KEY POINTS

芬迪家具 FENDI CASA 在简约中不乏时尚与高贵，既带有古典的雅致，又充满现代的灵动。源自多年的时尚精神沉淀，彰显独有的优雅精致，巧妙运用黄金分割，使家具呈现一种恰如其分的和谐之美。传统与创新并存、美观和实用同在，成就了 FENDI CASA 在家具界的炫目地位。

FENDI CASA 运用互补的氛围和风格交织，将传统风格注入现代线条，以精细工艺与创新的材质，在一个建筑空间中完美地传达出精致的生活艺术。表现的不仅是奢华，更是一种永恒经典和贵族气度，优雅与平衡，让美学在细节中淋漓尽致地表现。

产品特点 | FEATURES

FENDI 标志性的皮草吊饰，以非洲部落面具为灵感，结合皮革材质与金属元素，将时尚与异国风情演绎得淋漓尽致，是 FENDI CASA 的一个重要的表现形式。

INFINITY 系列的灯具采用不规则的灯罩形状，人工吹制而成，蛋白石的颜色，显得更加自然亲切，如同蚕茧一般。

CONVESS 装饰镜与吊灯采用一个凹凸面，其设计灵感源自于印度艺术家 Anish Kapoor，对于线条的使用，可以联想到其著名的作品 Cloudgate 和 Sky mirror. 印度的哲学和宗教思考，结合西方艺术形式和观念，让人感觉在一个空间中被分开的领域探索。

展厅代理 | AGENT

展厅

帝幔进口家具奢品馆 B 栋一层、五到七层

地址：上海市闵行区吴中路 1265 号（合川路口）

www.fendi.cn

BERGDALA

品牌简介 | INTRODUCTION

BERGDALA 品牌始创于 1889 年，源自北欧瑞典斯莫兰省的“水晶王国”(The Kingdom of Crystal)，至今已有百年历史，是世界上最古老的水晶工坊之一。BERGDALA 在欧洲极负盛名，以带有浪漫气息的北欧田园风格及纯手工工艺制造而闻名于世。因为用料名贵、造型丰富、设计灵动、工艺纯正、环保健康而广受欢迎，一直保持着欧洲高端水晶制品销售前三名的骄人业绩，来自世界各地的收藏者都以拥有一款 BERGDALA 水晶而引以为豪。

主打产品 | PRODUCT

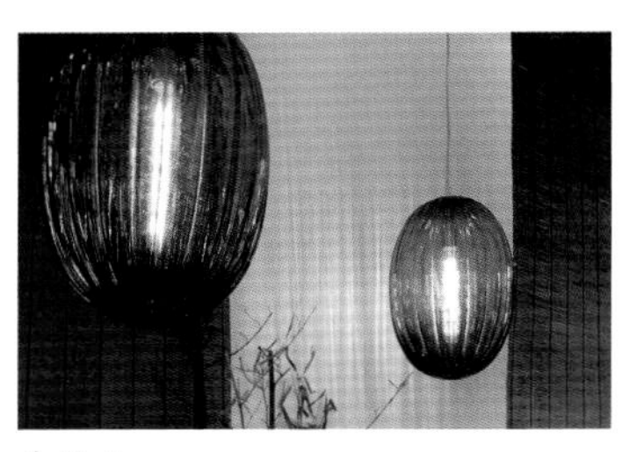

▲ Returnees

▲ Landscape

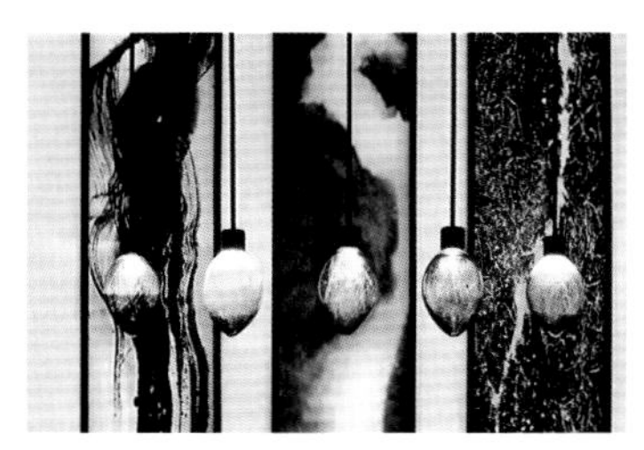

▲ Lnk pattern

▲ concreting

▲ Float

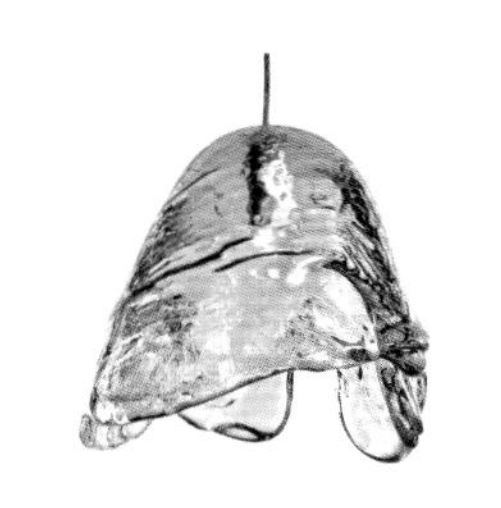

▲ Life

▲ Galaxy wall light

▲ Cloudfiber

设计理念 | DESIGN KEY POINTS

ERGDALA 的工匠及设计者都是资深的水晶大师，他们对水晶有着狂热的爱，使得 BERGDALA 如此与众不同。工匠大师们在千余度的炉火旁，以百年来延续的纯正古老手工技法，精雕细琢每一件作品，艺术的一脉相承与水晶的熠熠生辉在这里繁衍生息，源远流长。

BERGDALA 设计者总能营造出一种北欧特有的洒脱自由、安静闲适、远离尘嚣、轻松悠然的景象，使得人们远离充斥在耳边的轰鸣声和塞满在鼻腔肺部的铅尘汽油的气息，为此 BERGDALA 也是 " 浪漫的北欧 " 的代名词。柔中带刚的线条展现着北欧的浪漫风情，倘若置身于 BERGDALA 定会被其独特的艺术魅力所感染，清新自然、入目难忘。

产品特点 | FEATURES

用料名贵—BERGDALA 采用瑞典南部斯莫兰地区森林密处未经污染的优质水源和特选的精细幼沙为用料，名贵的用料为 BERGDALA 增加了一丝神秘的色彩；设计灵动—BERGDALA 的设计灵感大多来自大自然景观中那些流动的曲线和简约的基调，在 BERGDALA 中总能找到大自然的灵动，是生活的本质，是 BERGDALA 艺术生命力之所在；手工制作—BERGDALA 采用数百年一贯的古老技艺手工制作，每件艺术品都是在工匠大师熟练的吹制下诞生；艺术实用——BERGDALA 不仅仅是陈列的艺术品，更是实用与艺术的结合体。环保健康——BERGDALA 采用优质无铅水晶生产，安全无毒、环保健康，不仅极大地降低了对自然的破坏，还从源头上减少了产品对最终消费者危害的可能，践行环保低碳的原

展厅代理 | AGENT

大连博格纳水晶艺术工程有限公司

地址：辽宁省大连市普湾新区炮台街道天马街玻璃小镇

www.bogner.com

BERGDALA
Galaxy星

AYNHOE PARK

AYNHOE PARK
ENGLAND

品牌简介 | INTRODUCTION

AYNHOE PARK 是詹姆斯 • 帕金斯（James Perkins）的 17 世纪帕拉第家（PALLADIAN HOME）。 这个房子是另一种内部世界的奇迹，他从世界各地收集了奇珍异宝。

这所房子是一个充满艺术和好奇心的生动的博物馆，充满了无价和有趣的作品，全部都是由创始人詹姆斯 • 帕金斯在旅途中收购的。

主打产品 | PRODUCT

▲ The Mini Feather Lamp Natural

▲ A Near Pair of Brass Table Lamps

▲ A Pair of Gold Murano Glass Table Lamps

▲ Elegant Crystal and Brass Chandelier

▲ Magnificent 1950's Large Venetian Murano Chandelier

▲ Pair of Brass Waterlilies

▲ Patchwork Cityscape Uplighter Floor Lamp

▲ Vintage Arc Lamp

设计理念 | DESIGN KEY POINTS

跟随第十八届和第十九届大型旅行者的脚印，詹姆斯 • 帕金斯收藏了展现他冒险精神的艺术作品和现代设计作品。行走在博物馆和奇幻世界之间的一条纤细道路上，AYNHOE PARK 超世俗的室内在很长一段时间成为了服装设计的秘密花园。

产品特点 | FEATURES

每个枝状大烛台都有灯泡和金缎灯罩。玻璃干在顶部的单裂纹（挂起时不可见）。20 世纪 70 年代的棕榈树地板灯，采用切割黄铜，布雷克式风格。以 20 世纪末期以威尼斯为结构的黄金早稻种蛋中的鳞状漫长玻璃，一对香蕉棕榈树灯台，黄铜在好莱坞经典风格，一个现代派，在 2008 年由保罗 • 埃文斯（Paul Evans）大约在 20 世纪 70 年代创作的地标性抛光黄铜作品。 每一件作品都能提供一份精美绝伦的声明，让您能够完成任何设计或造型的项目，完美无瑕。

展厅代理 | AGENT

aynhoepark.co.uk

HOUSE OF TAI PING

HOUSE OF
TAI PING

COMMERCIAL

品牌简介 | INTRODUCTION

1956 年于香港创立以来，HOUSE OF TAI PING 已然从一家本土公司成长为国际型企业，其总部坐落于香港、纽约和巴黎，并在美国、欧洲、亚洲及中东的 15 个城市设有展厅。HOUSE OF TAI PING 久经历史沉淀，竭力保存传统的地毯制作工艺。太平地毯无与伦比的手工艺结合精美的羊毛、丝绸等上等材质缔造出了华美的线条和奢侈的厚重感，让人在触摸时感受到一种肌肤般的柔软温暖。作为高端地毯行业引领者，HOUSE OF TAI PING 为全球最具声望的住宅、精品店、酒店、私人飞机和游艇提供高端地毯定制服务，它完美地诠释了品质、设计与创新的融合，而这也是品牌创立之初所确定的核心理念，如今它并发展成为“中国第一个奢侈品牌”。

主打产品 | PRODUCT

▲ Versailles II

Stéphanie Coutas

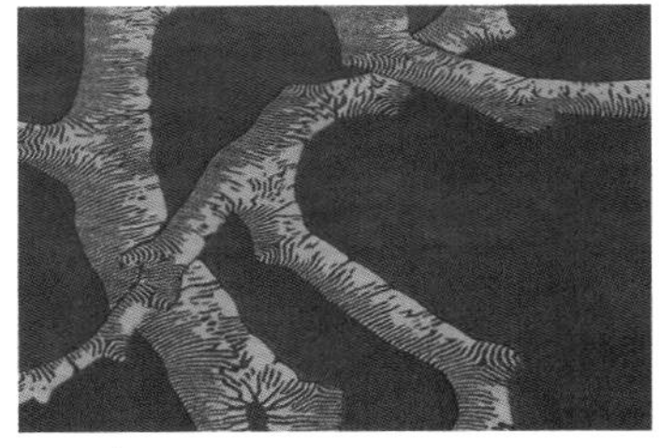

▲ Clélia Firebird

Zoé Ouvrier

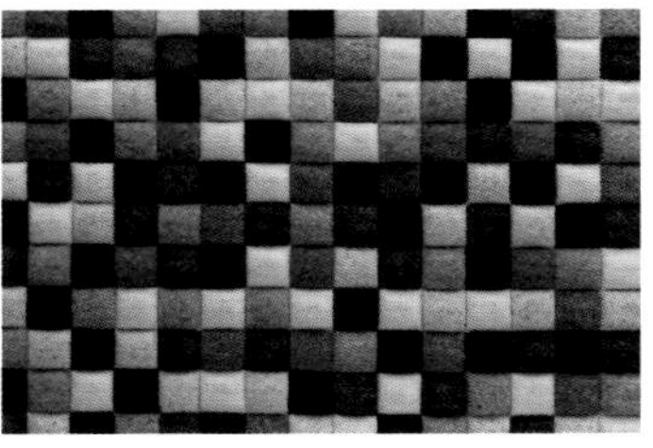

▲ Orientations Pool IV

▲ Bloom Traversal III

Jeff Leatham

▲ BLOOM Amalgam I

Jeff Leatham

▲ Nomad Henna II

▲ Wei II

Han Feng

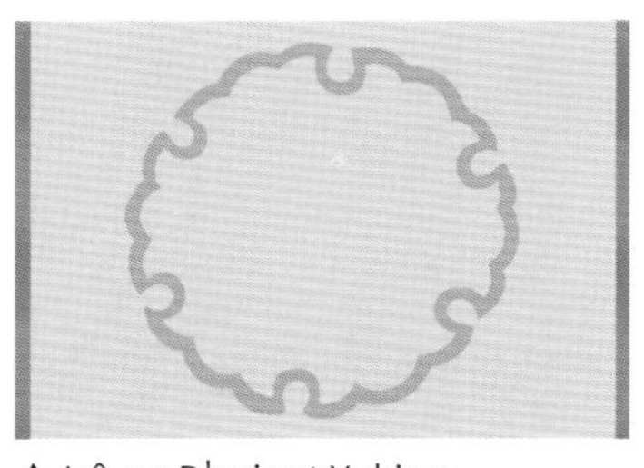

▲ Irêves D'orient Yukiwa

Kenzo Takada

设计理念 | DESIGN KEY POINTS

HOUSE OF TAI PING 有幸能与设计师共同行走在艺术的最前沿，将这些艺术家们的设计作品制作成地毯产品。而 Tai Ping Editions 系列的推出，更是通过品牌的专有手工编织技术，让更多的人有机会接触到这一高端品牌。2015 年 10 月，第一个设计师系列 META-MORPHOSIS 问世，HOUSE OF TAI PING 召集了一批才华横溢的高端国际人才，如高田贤三、数字艺术家 Miguel Chevalier、由 Maurizio Galante 和 Tal Lancman 组建的产品、图形和室内设计团队 Interware、雕刻大师 Zoé Ouvrier、室内建筑师 Gilles et Boissier，以及产品设计和美术搭档 Chen Chen & Kai Williams 等。在随后发布的设计师系列中，Tai Ping Editions 将与更多顶级设计师合作，实现更高层次的理念、技术和灵感交流。

产品特点 | FEATURES

HOUSE OF TAI PING 的每一个系列都将其特定品牌的标志性遗产与当代精致融合，通过今天最有创造力的天才设计师的棱镜重新设想一个著名的档案。由此产生的合作与创意精神本身一样发散和激发，但都承载着各自品牌传统的明显印记，并将文化遗产延伸到现在，延续了工艺的卓越传统，并致力于地毯设计和制造的各个方面的创新。使用的技术覆盖了整个地毯制造领域，从高级到经济，包括手工簇绒，簇绒，手工编织，机器簇绒，机器人簇绒，Axminster 和 Wilton。从梳理到纺纱，染色到后整理，完全一体化的生产流程保证了对整个生产过程的全面控制，确保无与伦比的质量。

展厅代理 | AGENT

展厅

太平地毯

地址：上海市长宁区愚园路 753 号 F 栋

www.//houseoftaiping.com

WWTORRES DESIGN

品牌简介 | INTRODUCTION

WWTORRES DESIGN 是一家由墨西哥女企业家 Wendy Caporalli 创立的地毯和家居用品设计公司。公司结合高品质家居装饰潮流，突出实用性和设计感。相信天然纤维和精湛的技艺会帮助他们制作出高品质的地毯、蒲团等产品。公司所有的产品都采用手工精制而成，持久耐用。Wendy 和她的团队秉着所有人都值得拥有一个美丽的家的理念，结合高端的设计和高质量产品，同时又可以接受的价格顺应市场的发展。

主打产品 | PRODUCT

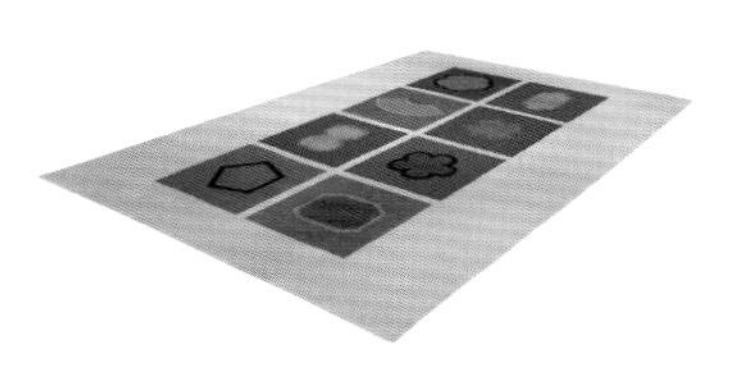

▲ Coromandel 02

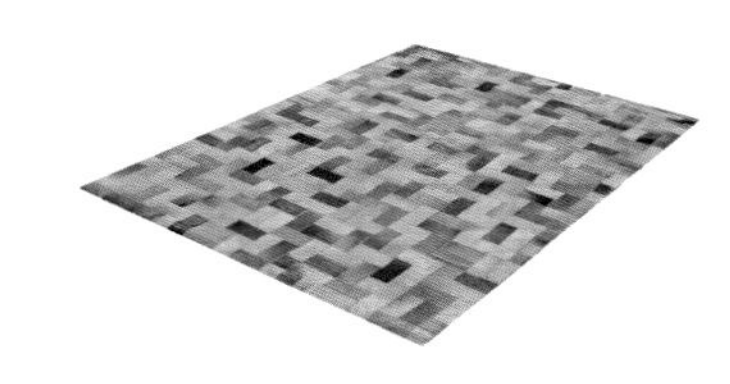

▲ Tyler

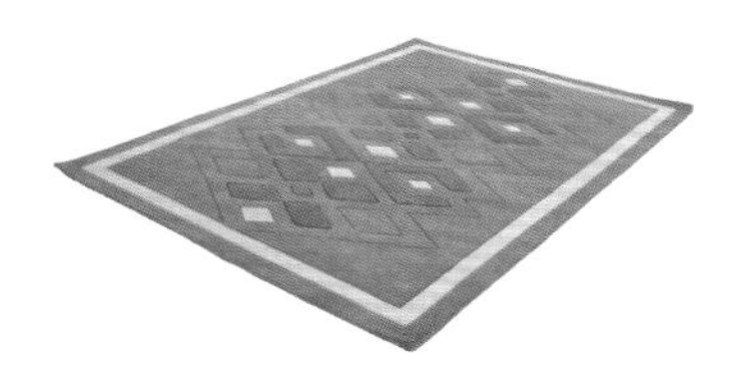

▲ Moroccan Spirit

▲ Holmes 01

▲ Elizabeth 01 (Kilim version)

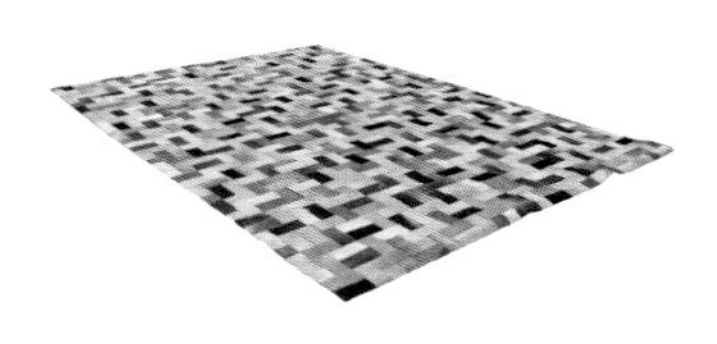

▲ Max 01

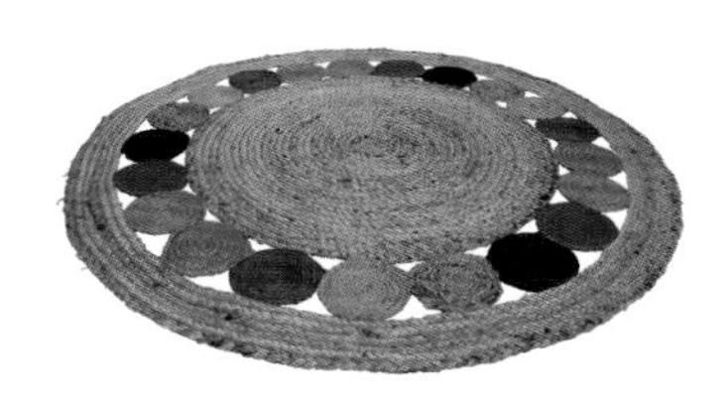

▲ Sopheya

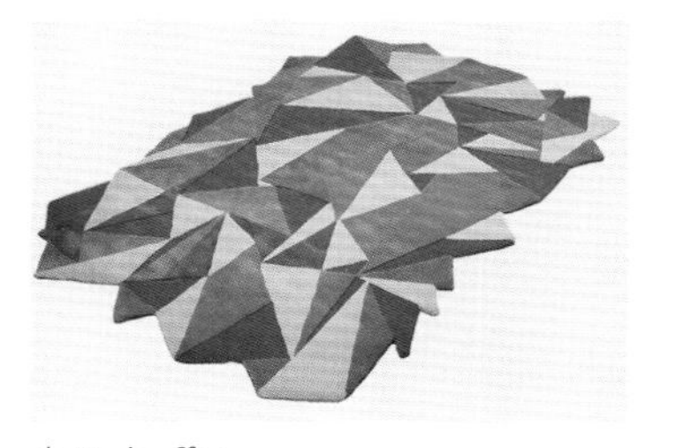

▲ Dubuffet

设计理念 | DESIGN KEY POINTS

WWTORRES DESIGN 是一支国际化的团队，由来自世界各地，对家居装饰和创新产品怀有同样激情的成员组成，每位成员独一无二，并在各自领域有所专长。精致的氛围，源于独树一帜的装饰及和谐的色彩搭配。WWTORRES DESIGN 认为，家居装饰不仅仅是美化室内布置，同时也为人们营造出一个舒适的环境。WWTORRES DESIGN 的 CEO 兼创始人 Wendy Caporalli 在世界各地的旅途中，对家居装饰产生了浓厚的兴趣和激情。她相信别致又现代化的设计能够点亮我们的住所，同时，生产过程中所使用的传统工艺也保障了产品的品质，设计师则来自美国、法国、英国等世界各地不同的国家，包括她自己也参与了其中一些设计，这令 WWTORRES DESIGN 的产品更加多元化。

产品特点 | FEATURES

WWTORRES DESIGN 的产品全部在印度手工制作完成，用纯天然的材料和娴熟的传统手工技艺打造出既美观又实用的最佳品质，在为居所布置舒适环境的同时，通过增加天然材质、手工艺品质及全球跨界风格等设计元素，营造出典雅高贵并自然实用的优美家居环境。WWTORRES DESIGN 相信每个人都值得拥有一个美丽的家，因此，在重视设计的同时，WWTORRES DESIGN 也保证产品的高性价比。公司精心选择原材料，用羊毛、棉花、黄麻等创造拥有特别图案纹理的产品。特殊的材料与精心挑选的颜色相结合，在实现设计的美感之外，也保证了产品的舒适与耐用。WWTORRES DESIGN 相信天然纤维和精细的技术，以达到地毯、毯子、蒲团等品质最好的，所有的项目都百分之百精心手工制作完美，这就是为什么公司是持久的。

展厅代理 | AGENT

http://www.wwtorresd.com

THIBAULT VAN RENNE

TVR
THIBAULT VAN RENNE

品牌简介 | INTRODUCTION

THIBAULT VAN RENNE 于 2006 年创立品牌，传承家族传统。自此以后，品牌成功地进行创新与独特的艺术设计，尊重伦理道德，全程采用透明工艺流程，在地毯设计与制作上不断推陈出新。今天，THIBAULT VAN RENNE 地毯已成为深受欧洲皇室与远东富豪推崇的装饰艺术精品，成功推出豪华地毯品牌，在市场上引发革命。-

主打产品 | PRODUCT

▲ Abstract Blue

▲ Elements Savonnerie Pink Purple

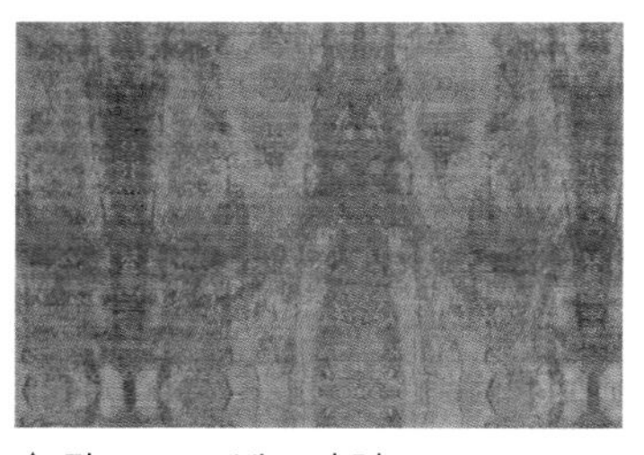

▲ Elements Visual Blues

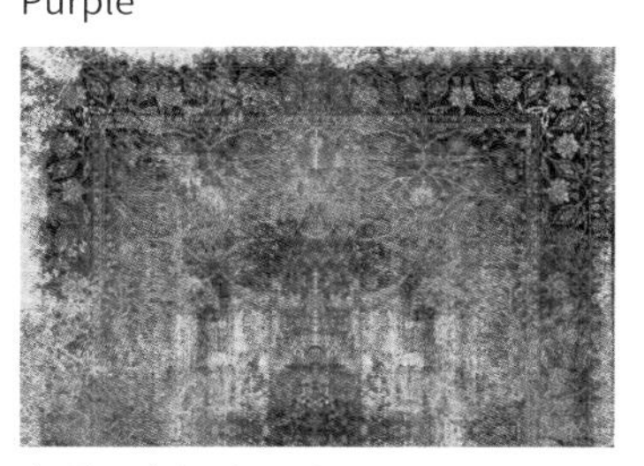

▲ Fixed Ancient 3

▲ Grunge Ice Blue

▲ Marble Black Ivory

▲ Siena Blue Grey

▲ Viviane F6

设计理念 | DESIGN KEY POINTS

THIBAULT VAN RENNE 以无与伦比的图案与色彩在过去与今天之间搭起一座桥梁，完全颠覆了人们对于地毯的传统观念。创始人 THIBAULT VAN RENNE 首先是一个设计师。他从室内设计趋势，以及艺术和时尚界汲取灵感。他的作品总是用天然材料制成，由中东熟练的编织者制造。产品符合最高的质量标准。花费很长的时间和很大的精力来创造独特的设计，设计是永恒的、优雅的，所以它不会让你视觉疲劳。这种设计的极端困难推动打结者的工艺极限。 这正是 THIBAULT VAN RENNE 所追求的：一次又一次地推动可能的进一步限制，创造一个有争议的美丽片断。

产品特点 | FEATURES

为了生产最好的地毯，THIBAULT VAN RENNE 想要重视有 3000 年历史的地毯打结工艺。地毯以最传统的方式制作，是东方和手工打结。 独特的概念结合定制的工作和个性化的当代设计。 它将传统与当代设计融于一体，对细节一丝不苟，对色彩精益求精。所有作品均由最出色的拉贾斯坦织毯工匠采用几个世纪以来不断完善的古老工艺纯手工织造，并按照不同规格对地毯进行手工染色。THIBAULT VAN RENNE 仅采用高级原料，产品风格纯朴。缘此，地毯色彩与色调配合完美，令每件地毯图案栩栩如生，充满生命力，定能给您别样的美妙感受。历经二三十载光阴的流逝，这些地毯仍完美如新，且能免除您打理保养的烦恼。

展厅代理 | AGENT

展厅：
THIBAULT VAN RENNE - BEIJING SHOWROOM
地址：北京市朝阳区西塔 soho#706
www.thibanltvanrenne,com

massimo

massimo
copenhagen

品牌简介 | INTRODUCTION

massimo 由 Mads Frandsen 于 2001 年创立。massimo 地毯是丹麦高端进口地毯品牌，其产品主要有现代进口布艺地毯、欧式客厅时尚地毯、欧式简约时尚地毯、现代高端进口时尚地毯、高端进口时尚地毯、现代风格凹凸感客厅地毯、现代风格时尚客厅地毯、现代简约进口地毯等。massimo 的目标是为客户提供优质的服务和具有竞争力的价格。

主打产品 | PRODUCT

▲ Moon Night

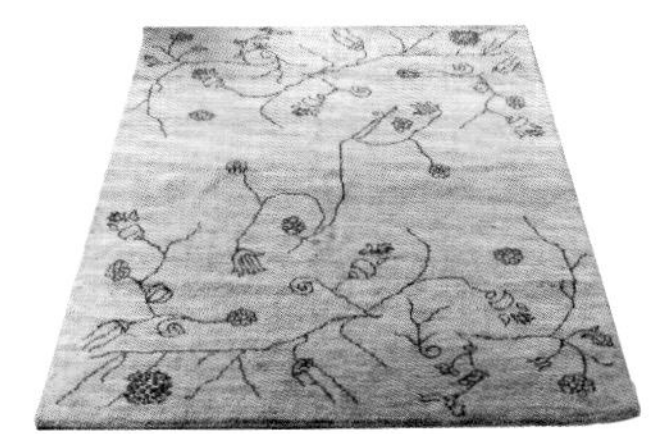

▲ Garden Natural Grey Blue

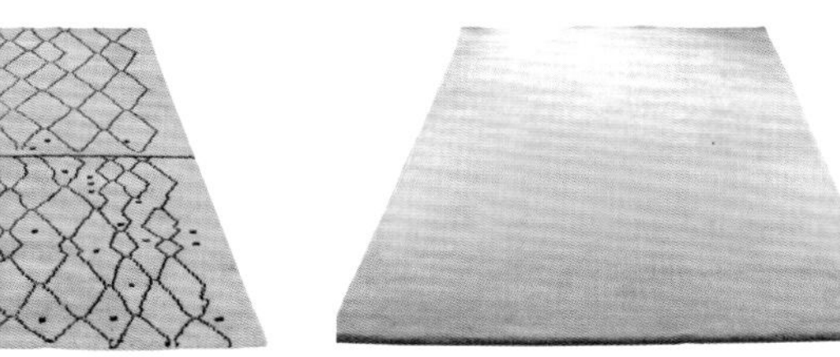

▲ Marrakesh Natural Grey

▲ Massimo Bamboo Rose Dust

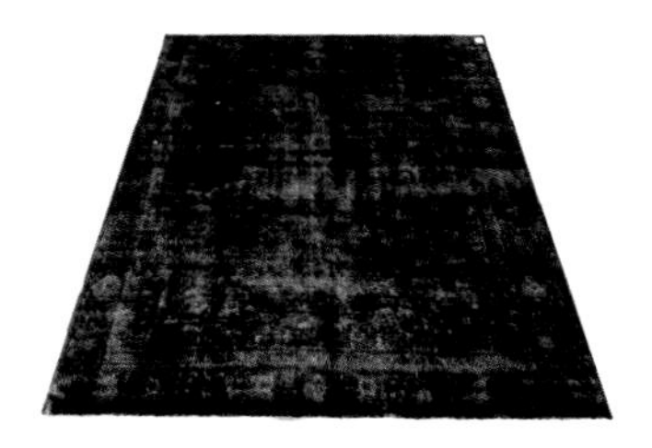

▲ Trash Black

▲ Vintage Natural Light

▲ Bur Bur Natural

▲ LEATHER Light Brown

设计理念 | DESIGN KEY POINTS

品牌在哥本哈根的创意团队正在开发高质量的手工编织地毯， 每个地毯都是独特的，完全是基于数百年的传统和技术手工制作的，试图在既定和实验性、过去和现在之间建立对话。massimo 使用最好的天然纱线，创造出他们认为珍贵、独特、具有持久价值的地毯。

产品特点 | FEATURES

massimo 地毯由 100%竹纤维制成，由于其表面光滑和独特的柔软性，有着奢华的感觉。 竹纤维由竹浆制成，具有较强的耐久性、稳定性和韧性。 纤维的质量使剥离问题产生的概率最小化。 竹子是可持续的材料，因为它不含农药，可降解，因此是非常环保的材料。Moon Night 是由 100%竹纤维制成的高品质手工地毯，由于其独特的柔软性和带光泽的表面，给人一种奢华的感觉。独特的地毯由安纳托利亚半地毯工人手工地毯制成，由马西莫转移到漂亮的拼接地毯中。选择 massimo 地毯，您会得到最持久、耐用的地毯，并且 massimo 是很容易维护的独特的手工地毯。

展厅代理 | AGENT

www.massimo.dk

优立地毯

品牌简介 | INTRODUCTION

优立地毯（U-LIVING）品牌，将地毯视为家居行业的时尚艺术品，是性价比较高的时尚品牌。拥有坚持独立意识的设计采购部，从产品采购开始，报纸、杂志、旅行、街头时尚和多米兰巴黎、科隆、法兰克福等时尚家具展，都是他们捕捉时尚的重要资源。从主流家居行业的地毯流行趋势获得灵感。设计采购部一年飞往土耳其、印度、埃及、伊朗、哈萨克斯坦等地，是名副其实的“空中飞人”。时尚的图案与配色，加之多年地毯采购系列经验，形成了独特的进口理念，即坚持时尚与品质兼具。优立地毯的品牌意识，源自对时尚的深刻理解，消费者只要看到白字红底的品牌 LOGO，便可以轻松地开始一段时尚异域之旅。

主打产品 | PRODUCT

▲阿拉丁

▲哥本哈根

▲爵士

▲洛拉

▲梅里克

▲桑巴

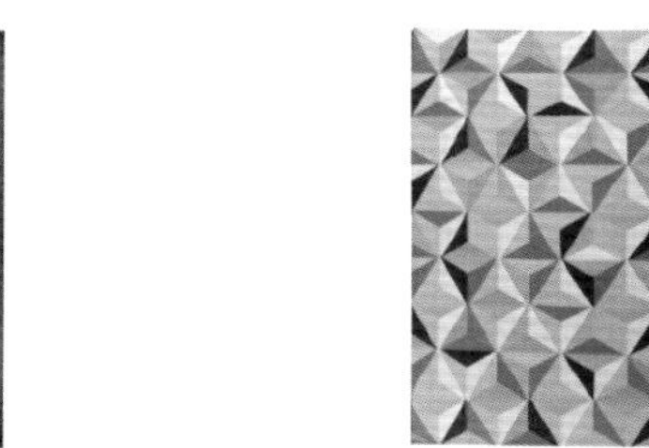
▲索菲亚

▲最前线

设计理念 | DESIGN KEY POINTS

拥有品牌独立的设计团队，通过不断地与国内外优秀设计师交流学习，并结合中国文化的特点和市场实际需求，持续创造出引领国内家居市场潮流的设计，聘请毕业于中央美术学院、清华美术学院、鲁迅美术学院等有专业软装设计院校的优秀设计师直接参与项目合作。设计师每年进行 2~3 次的国外游学对时尚与市场有着独特的见解。

产品特点 | FEATURES

手工打结工艺娴熟的编织者手工编织出的地毯漂亮、耐用，带来触感和视觉的享受。通常情况，手工打结地毯的质量是由每平方英寸的结的数量来决定的，结越多，地毯质量越好。复杂图案的可能要花费很长的时间来制作，所以每一条地毯都是独一无二的。优立地毯集合了国内外最先进的地毯制作技艺，自主开发研制附和世界时尚潮流的设计，制造出不同于其他的各类地毯，满足不同消费层次和鉴赏需求的客户群体，优立地毯的研发初衷就是打破常规，突破传统意识的界限，展示与众不同的全新形象，优立地毯致力于将传统的地毯以更加时尚感、设计感的表现形式传递到家居装饰中。

展厅代理 | AGENT

www.u-living.com.cn

JAZZ COLLECTION

PI CREATIVE ART

品牌简介 | INTRODUCTION

PI CREATIVE ART 由 Esther Cohen-Bartfield 于 1976 年 创 立， 名 为“海报国际”。今天，公司已经扩大生产各种各样的艺术品，包括胶版印刷版和按需定制印刷品。作为许多提供的图像的独家版权持有者，PI CREATIVE ART 提供真正的定制和无尽的选择。 PI CREATIVE ART 仍然是一个家族经营的业务，包括一个知识渊博的销售代表团队、一个综合性的艺术部门、艺术总监、平面设计师、视觉艺术家和总是在第一线的管理团队。

主打产品 | PRODUCT

▲ Pastel Woman I

▲ Regal Peacock

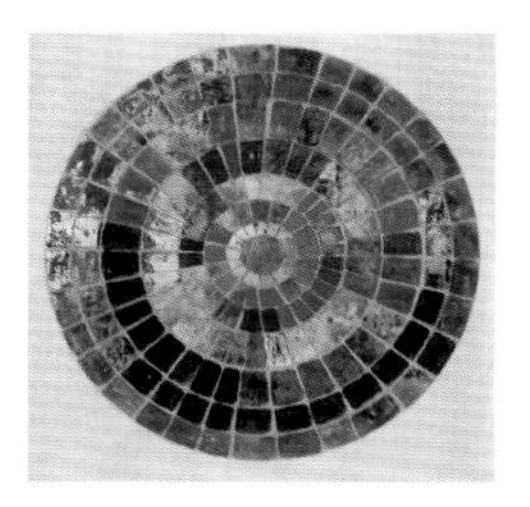

▲ Ionic

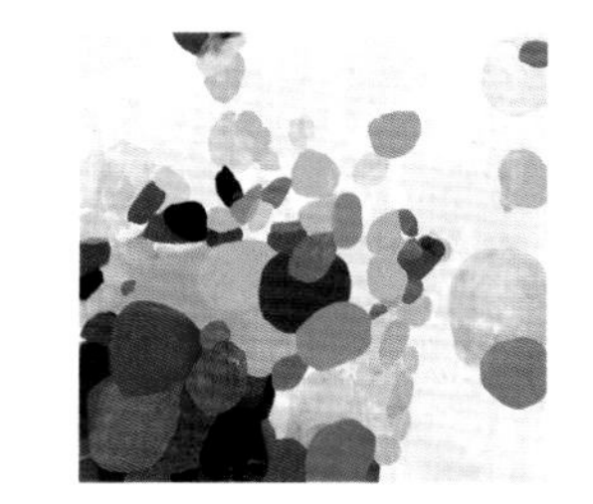

▲ Multicolourful I

▲ Carvalho – Single Cloud

▲ City Life I

▲ Garci – The Pier

▲ Motl – Magical Morning

设计理念 | DESIGN KEY POINTS

PI CREATIVE ART 工作室也不断发展，以满足客户对定制创作艺术品的需求。PI CREATIVE ART 富有才华的平面设计师和才华横溢的艺术家、摄影师团队善于将创意转化为定制图像，以满足任何低廉的最低承诺。

代表超过 100 名艺术家 PI CREATIVE ART 的收藏品包括原创油画、开放版画和我们不断扩大的定制替代基材。传统、过渡和当代风格的大量图像集合适用于全球的住宅、企业和酒店环境。PI 的形象吸引了全球市场，要求最新的设计和色彩趋势。国际客户包括画廊，室内设计师和装饰、艺术顾问、印刷分销商、酒店和零售。PI CREATIVE ART 不断寻求创意的艺术品提供给商业艺术市场。

产品特点 | FEATURES

PI CREATIVE ART 是一家独特的专业许可公司。拥有超过 35 年的艺术出版业务经验，坚定地掌握了形象需求的脉搏。PI CREATIVE ART 的艺术开发团队研究产品（墙面装饰和替代墙面装饰）的颜色和主题流行趋势。这个重要的设计类别自然会渗透到其他装饰和产品行业。如果一个图像作为墙面装饰流行，流行应该也转化为其他产品。通过向其他行业提供畅销的许可证图像，已经测试了在零售市场上销售的图像。

拥有 5000 多幅当代图像，PI CREATIVE ART 拥有大量的图像为您提供服务。

展厅代理 | AGENT

www.picreativeart.com

DELICATE
FIGURES

A
COLORFUL
LIFE

CITY
LIFE

THE SUPPLEMENT
FEB 2017
GOLDEN AGE
PI
CREATIVE-ART

MORNING
LIGHT

WILD APPLE

WILD APPLE

品牌简介 | INTRODUCTION

1989 年秋天，约翰和劳里搬到了佛蒙特州的伍德斯托克，他们的目标是创建属于自己的企业，在工作的过程中，他们逐渐地爱上了艺术出版行业，并萌生了制作美丽的艺术的想法。多年来，WILD APPLE 看到了艺术出版行业的前景，并从小型工厂发展成为全球性的企业。WILD APPLE 在对待艺术家、客户、供应商与伙伴的过程中，一直坚持创新、尊重和努力的核心理念，在融洽的环境中，不断地成长。

主打产品 | PRODUCT

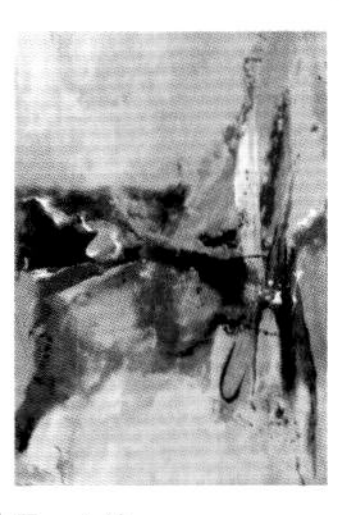

▲ Hold Fast II
Ruth Palmer

▲ Lattice II
Asia Jensen

▲ Little Jewels VII
Jess Aiken

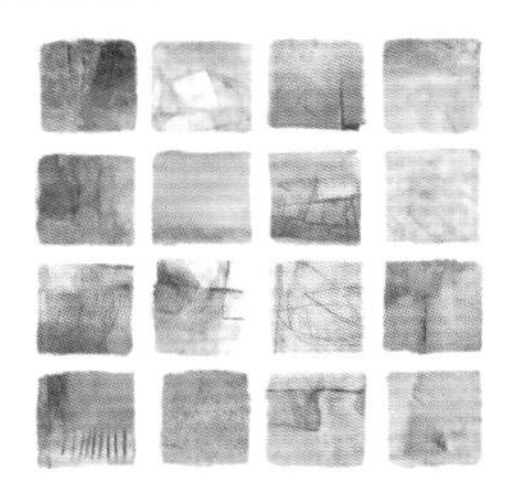

▲ The Misty Fields
Jane Davies

▲ Navy Conch Shell

▲ The Leader Gold
Albena Hristova

▲ InstaStates IX
Jess Aiken

▲ Foxhunt
Marilyn Hageman

设计理念 | DESIGN KEY POINTS

作为艺术品授权与出版商，WILD APPLE 与艺术家合作，将惊艳的艺术与高品质的产品相结合，从装饰挂画到具有艺术风格的文具、花器、餐具、卫浴用品面面俱到。将普通的家居生活用品变成艺术品，用一个一个的产品将生活变得更加美丽。

产品特点 | FEATURES

WILD APPLE 拥有来自全世界各地的设计师与经销商，从时尚潮流到传统风格均有涉及，WILD APPLE 可以满足您的各种风格需求。

展厅代理 | AGENT

https://wildapple.com

Laura Marshall
WILD APPLE
23510-27x27 The Misty Fields $27 Jane Davies

CAP and WINNDEVON

品牌简介 | INTRODUCTION

CAP and WINNDEVON 是一家拥有世界最大库存艺术品的出版商之一，其产品有：开放版海报、限量版画、框架艺术礼品和艺术卡。其产品展示了 200 多位国际艺术家无与伦比的艺术作品。

从家居空间到办公空间、从传统到尖端，CAP and WINNDEVON 的产品可以满足各种风格的需求。

主打产品 | PRODUCT

▲ Hold Fast II

Ruth Palmer

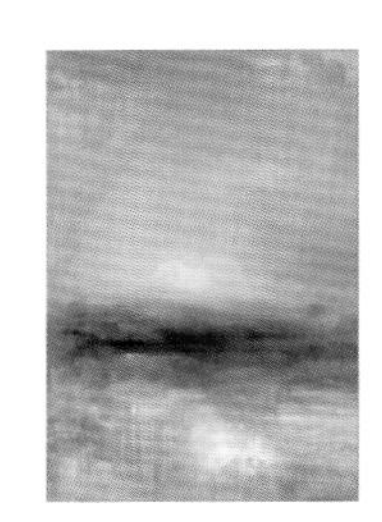

▲ Let The Summer Sun Shine

Wani Pasion

▲ Water Under the Bridge

Ily Szilyagi

▲ Blue Plaza

Aziz Kadmiri

▲ Copper Grove I

Caroline Gold

▲ Autumn Trees And Leaves

Assaf Frank

▲ Midtown Moonlight

Emma Bell

▲ Time Passes

Marvin Pelkey

设计理念 | DESIGN KEY POINTS

CAP and WINNDEVON 注重产品的色彩与质量，使用经过 FSC 认证的封面纸张，从小尺寸到大尺寸、超大尺寸，CAP and WINNDEVON 可以提供各种尺寸的解决方案。

产品特点 | FEATURES

CAP and WINNDEVON 可根据您的项目需求进行产品定制。

展厅代理 | AGENT

https://wildapple.com

田钰艺术空间

品牌简介 | INTRODUCTION

田钰艺术空间是广州一家专业设计与生产综合材料画、油画、装饰画、工艺画、高级木质画框、各种镜框配套的现代化家居挂画企业。业务范围辐射到酒店、样板房设计、软装配饰等行业。其前身为创意工坊，成立于 2009 年，坐落于广州小洲艺术区，因业务发展需求和自身完善需要，遂于 2013 年乔迁至番禺区区，新晋成立田钰艺术空间，简称：TIAN YU ART SPACE。

田钰艺术空间在稳健的发展中不断追求产品创新、营销创新、管理创新，为广大客户提供令人满意的产品和优质的服务。

主打产品 | PRODUCT

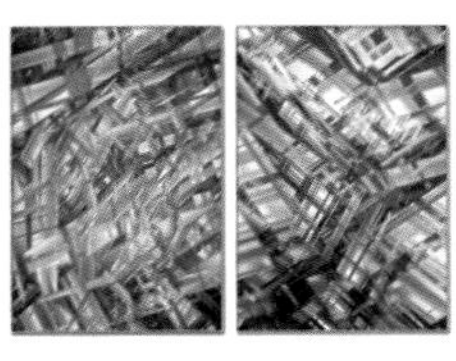

▲ Fan Shaped

▲ Glimpse

▲ Hores

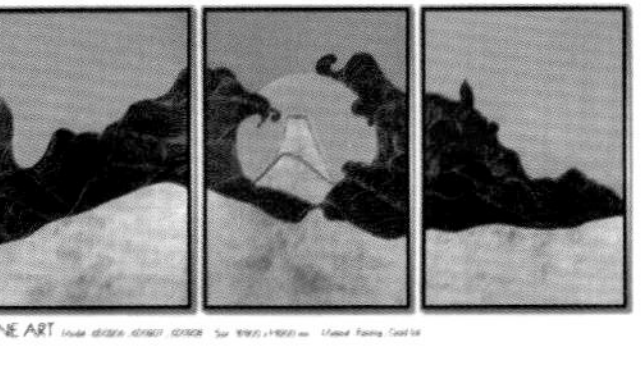

▲ Line Art

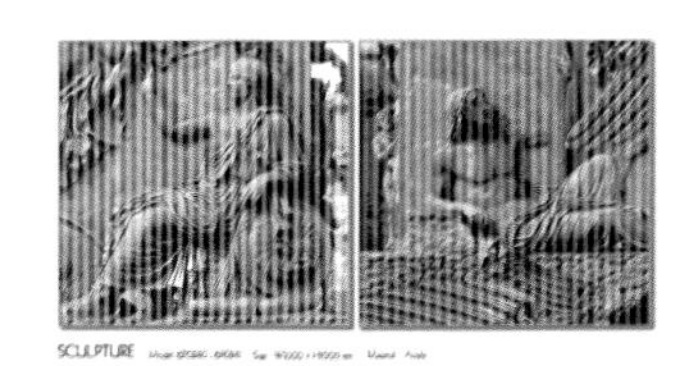

▲ Sculpture

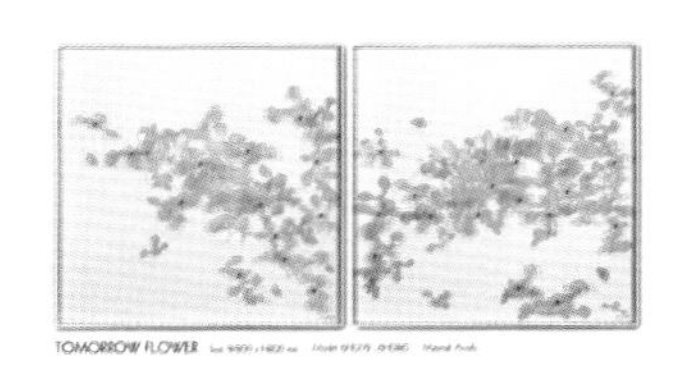

▲ Tomorrow Flower

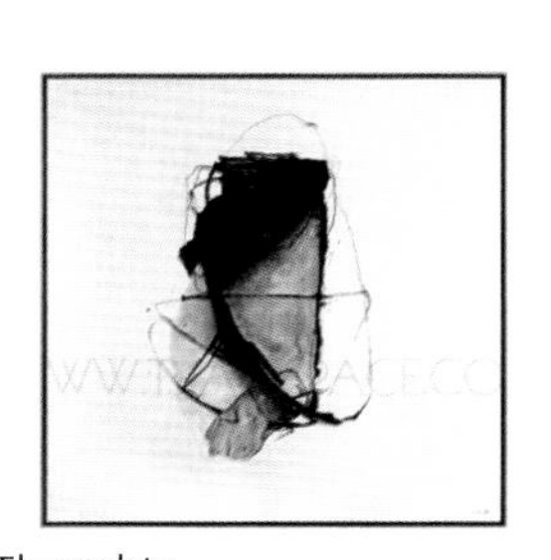

▲ Thoughts

▲ Revival

设计理念 | DESIGN KEY POINTS

公司拥有专业设计团队及多位高等艺术院校专业毕业画师和设计师，具有强大的创作力量及完善的服务体系，为装饰画行业注入新鲜血液，致力于生产质量上乘、款式新颖的产品。田钰艺术空间提供的是高端定制艺术品的整体规划和制作。 他们拥有一支强大的设计和制作队伍，其中不少人具有中国著名艺术院校的学位，具有较高的市场预测能力和专业创造力，总能推出新颖，设计出深受欢迎的艺术作品，始终处于艺术的前沿。

产品特点 | FEATURES

不同的客户对艺术品有不同的要求，所以田钰艺术空间在产品展示区域展示了特别的设计，方便客户查找艺术品。田钰艺术空间也做出独特的设计，给顾客带来快乐，并且在讨论时帮助他们更好地了解田钰艺术空间的品牌概念。田钰艺术空间是生活的艺术家专注于一件事，具有新颖独特的设计创意精神品位。凭借多年的国际五星级酒店项目和一流的样板房设计经验，田钰艺术空间资源丰富，为艺术品和展示设计方案，制作和安装提供快捷高效的一站式服务。

展厅代理 | AGENT

旗舰店

地址：深圳罗湖区艺术展示中心三层 RM3030、3031 室

https://tyartspace.jiyoujia.com

HORES

SCULPTURE

FAN SHAPED

塞尚印象

品牌简介 | INTRODUCTION

深圳市塞尚印象家居装饰有限公司是一家专业生产各式装饰画装裱公司，公司成立于2012年11月1日，办公室地址位于中国第一个经济特区、鹏城深圳，注册资本为50万元人民币。公司成立以来发展迅速，业务不断发展壮大，主要经营装饰设计、装饰画、相框、陶艺、布艺、灯饰、家居软装饰品的购销；国内贸易；货物及技术进出口。

主打产品 | PRODUCT

▲北欧

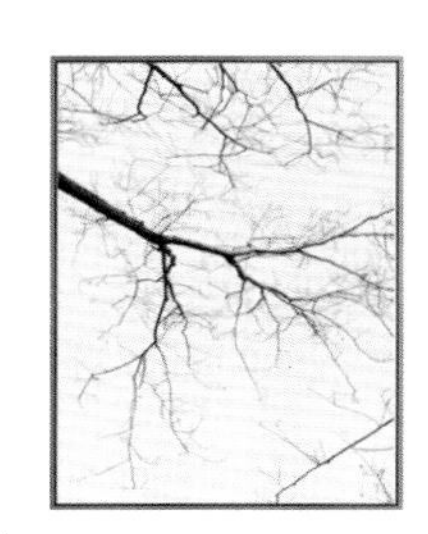

▲北欧

▲北欧

▲轻奢

▲轻奢

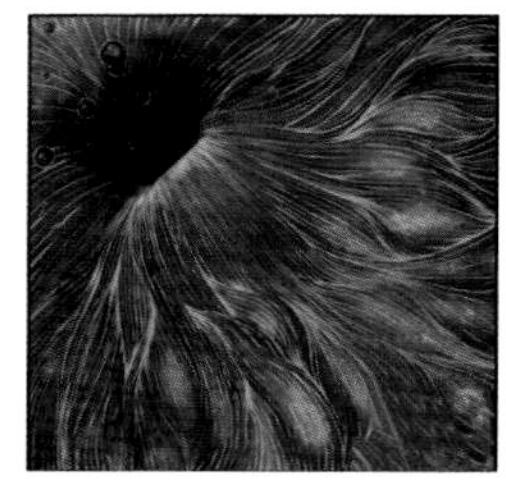

▲抽象

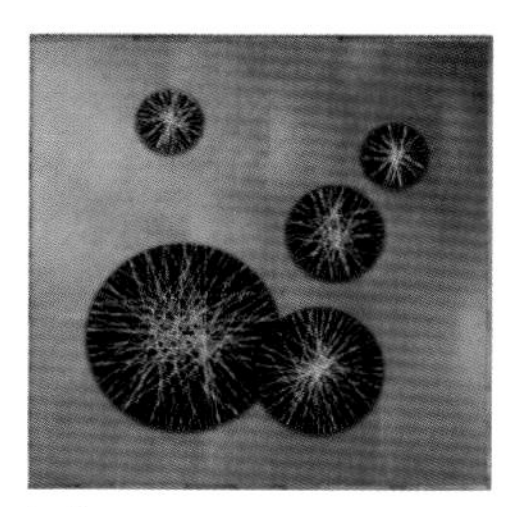

▲新中式

▲新中式

设计理念 | DESIGN KEY POINTS

公司有独立的专业设计团队，主要针对室内设计、高端酒店、会所进行室内装饰设计。

产品特点 | FEATURES

深圳市塞尚印象家居装饰有限公司有好的产品和专业的销售和技术团队，目前团队有50人，该公司是深圳装饰公司装饰设计公司行业内知名企业。

展厅代理 | AGENT

地址：深圳市龙岗区坂田街道雪象下雪村牛古岭8号6层

异见

品牌简介 | INTRODUCTION

异见由两位毕业于中国美术学院的优秀毕业生创立，专注于消费艺术品领域。是一家专业从事室内家居装饰类产品研发和销售的企业，产品主要出口欧洲、大洋洲、北美等地区。公司有良好的发展前景和规划。与中国其他专注于生产制造的供应商不同，异见以突出的创新、创作研发能力著称于国际艺术品消费市场。作品深受各国消费者喜爱，差异化的产品使全球众多合作商家找到了新的业务增长点。

主打产品 | PRODUCT

▲森林之旅水晶版画

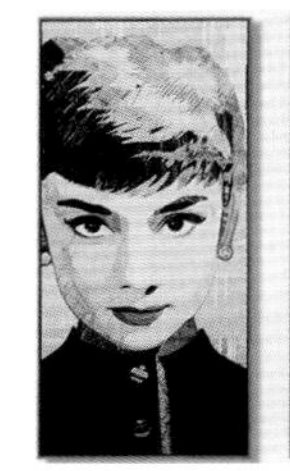

▲梦露赫本装饰画

▲现代欧美风建筑

▲大象手工拼贴画

▲现代家居风景两联装饰画

▲北欧风格创意绿植字母装饰画

▲复古老爷车手工拼贴画

▲几何狂想三维立体挂画

设计理念 | DESIGN KEY POINTS

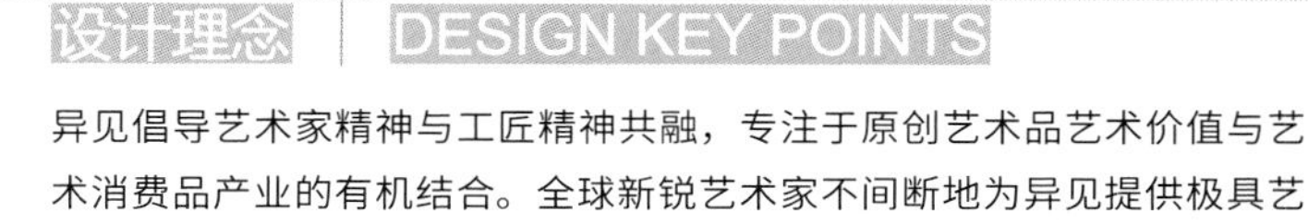

异见倡导艺术家精神与工匠精神共融，专注于原创艺术品艺术价值与艺术消费品产业的有机结合。全球新锐艺术家不间断地为异见提供极具艺术价值的原创作品，秉承精益求精的工匠精神倾情于艺术品的精致生产制造。

产品特点 | FEATURES

2012 年公司在中国美术学院创意产业园成立了异见艺术实验室，吸引各国优秀艺术家共同参与创作研发工作，根据各个艺术家的创作特点不断创新制造工艺、推陈出新、开发新的画面风格与艺术形式。

展厅代理 | AGENT

展厅

异见艺术场景体验

地址：银泰商业集团杭州市武林总店 C 馆六层

https://ejan-art.taobao.com

HAPPINESS
PLANTS
Oh Baby

异见

异见

异见
INHALE
the future
EXHALE
the past

LINCRUSTA

品牌简介 | INTRODUCTION

LINCRUSTA 自 1877 年开始生产，至今在世界各地仍然备受期待和推崇。LINCRUSTA 很早就明白了要创造一个持久的印象需要什么。公司在英国成立后不久，LINCRUSTA 墙纸的吸引力很快传遍全球。这使得 LINCRUSTA 成为一个成功故事，在这里，技能和工艺经受了时间的考验。LINCRUSTA 从产品发布开始就立即取得了成功，这是由于它的美观、实用性和耐用性，朴素的灰泥吸引着维多利亚时代的英国人的口味。LINCRUSTA 的产品有着独特和非常美丽、精致的细节和持久的力量。

主打产品 | PRODUCT

▲ Acanthus

▲ Amelia

▲ Byzantine

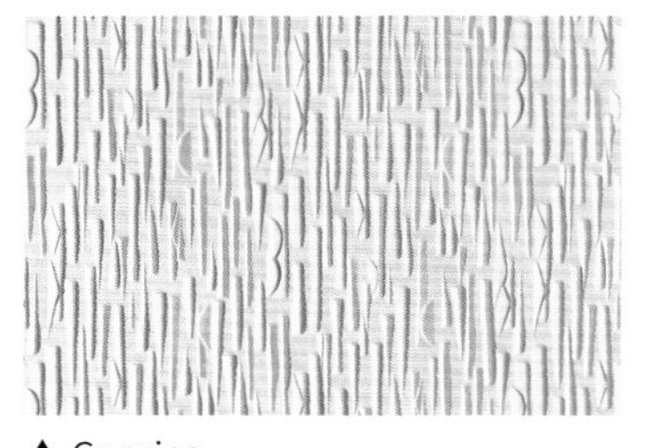
▲ Caprice

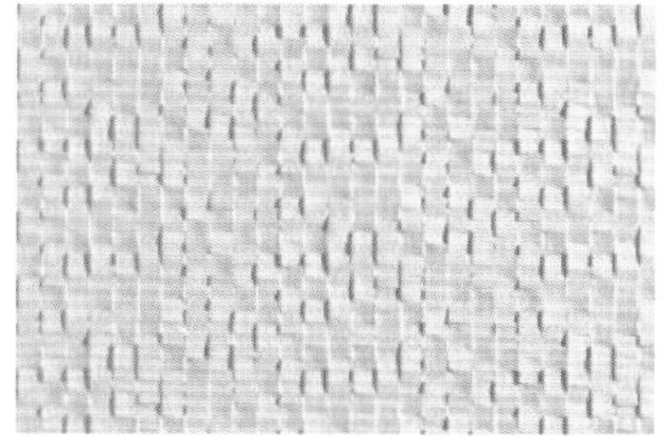
▲ Chequers

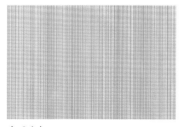
▲ Crichton

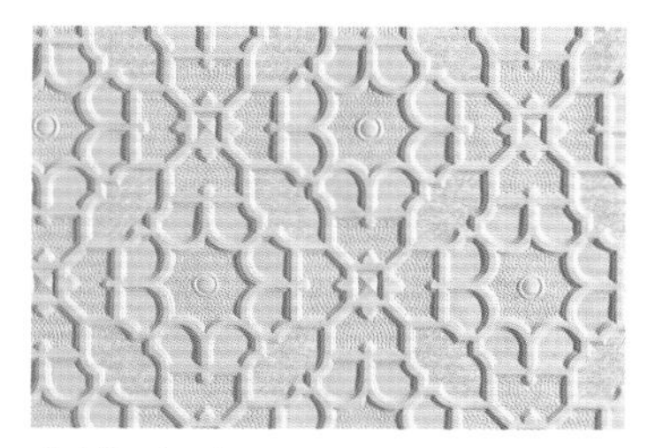
▲ Elizabeth

▲ Passeri

设计理念 | DESIGN KEY POINTS

主要关注当代趋势，如几何图案和有机物，与当前 LINCRUSTA 系列中的任何东西都截然不同。然而，首次推出的设计是 Fanfare，这是一个永恒而优雅的装饰艺术设计，受到 20 世纪 20 年代的历史档案的启发。程式化的外壳设计在整个 20 世纪 20 年代非常流行。现代主义开始在家中找到自己的时期，这个时代变得光彩夺目，而且非常有趣。这种趋势带来了几何形状、金属家具和从建筑到动物的一切的程式化的图像。纵观 20 世纪 20 年代的历史档案，这些趋势是显而易见的。我们用历史模式书中的一些设计作为 Fanfare 的灵感。

产品特点 | FEATURES

LINCRUSTA 独特的设计将室内设计提升到了一个全新的奢华和精致水平。就像所有的 LINCRUSTA 墙纸一样，Fanfare 在 10 米的卷筒上都是平的。为了增加更多的维度，LINCRUSTA 的雕塑墙纸可以用您选择的颜色或颜色手绘。这样的对比是 LINCRUSTA 吸引力的一部分。今年，LINCRUSTA 推出了新的 B 类防火产品。LINCRUSTA 绝对独特和非常漂亮，LINCRUSTA 仍然无与伦比的深爱浮雕，精致的细节和持久的力量和耐用性。任何颜色或装饰性的涂饰，创造对比和绝对的独特性，都是 LINCRUSTA 喜悦的一部分，为任何室内设计都增添了独特的优势。每一个不同角度的正方形都赋予其一个有趣的纹理，可以带出不同的油漆效果，为这个独特的设计增添了一个独特的维度。

展厅代理 | AGENT

https://lincrusta.com

Cole&Son

Cole & Son®

品牌简介 | INTRODUCTION

英国 Cole&Son 品牌始创于 1873 年，采用沿袭至今的手工制作工艺，一直致力于生产高品位墙纸，近 140 年以来，与当代艺术大师、顶级设计师紧密合作，成就不同风格墙纸精品，Cole&Son 品牌墙纸的花型，收录了欧洲不同时期的经典花型，Cole&Son 品牌所收录应用的墙纸花型绝大多数已珍藏于欧洲各历史博物馆，这些花形图案均为当时代艺术精品，代表了欧洲文明的进程和演变。Cole&Son 是英国皇室的御用品牌，以 Cole&Son 品牌墙纸完美的艺术表现装点于英伦皇宫，英国白金汉宫兴建之初装饰用墙纸即由 Cole&Son 专供，现今在英国皇室、贵族、名流的各种建筑物室内装饰均可见 Cole&Son 品牌高档墙纸。

主打产品 | PRODUCT

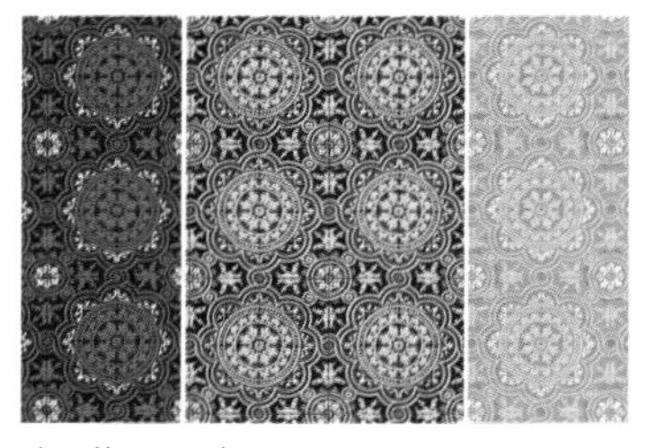
▲ Albemarle

▲ Albemarle

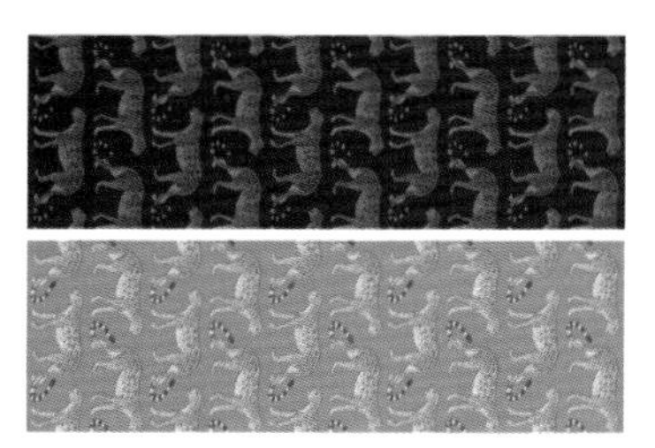
▲ Ardmore

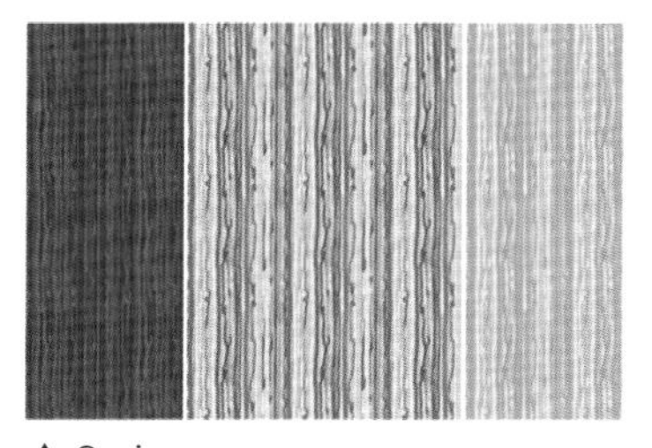
▲ Curio

▲ Folie

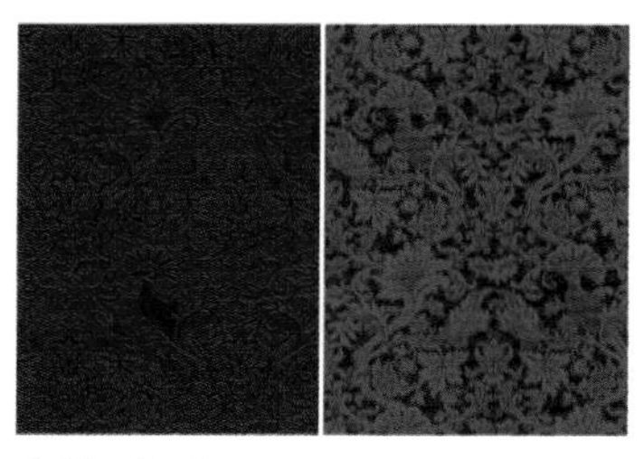
▲ Mariinsky

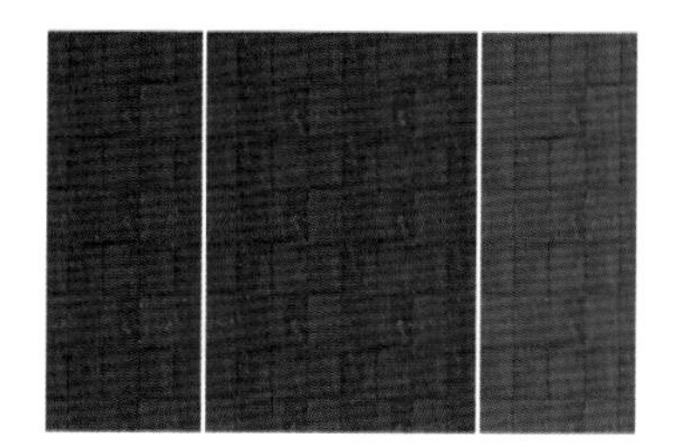
▲ Mariinsky

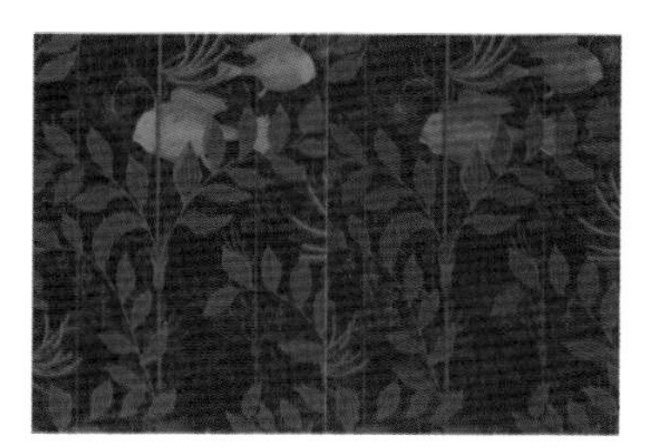
▲ Whimsical Lifestyle

设计理念 | DESIGN KEY POINTS

意大利设计师 Piero Fornasetti 具有独特的艺术视野与超乎寻常的想象力，一直被认为是当代最多才多艺的艺术家。他热衷于用太阳月亮图案、女孩的脸庞作为自己独有的图式，在瓷砖、家具、餐具、建筑、墙纸、布料等各个载体上，描画、勾勒自己风格繁复、极具装饰性的梦幻世界。即使在大师去世 20 多年后的今天，他的作品在家居装饰领域仍是不可磨灭的时尚潮流经典。在 1950 年到 1960 年间，当时众多非常有名的艺术家和设计师为 Cole & Son 设计了大批当代经典花型，如 Peggy Argus、John Drummond 等。现今，Cole & Son 又重新将他们的设计作品全新演绎，收录于经典系列（the Contemporary Collection）。

产品特点 | FEATURES

木刻雕版印刷这种传统墙纸手工印制方法，特别适合用于高档奢华的墙纸制作。这种制作方式须要由经验丰富的师傅运用高超技能和娴熟技巧印制，使印制的花纹、色彩均匀完美地作用于制作的墙纸表面，同时可以按照客户的要求订制花纹颜色或墙纸底色；Cole & Son 拥有超过 1800 块的此类木刻雕版设计模板。在 20 世纪 40 年代末，Cole & Son 设立的设计工作室首创了丝网印刷生产工艺，并为 20 世纪英国最著名的纺织品设计师 Lucienne Day 在 1951 年的英国艺术节上提供丝网印刷工艺生产的产品。丝网印刷工艺是通过一定的压力将墙纸油墨经由丝网印版挤压转移到墙纸纸张上，形成图案，并通过多次反复图案或色叠加组合，完成完整墙纸花型印制工作。

展厅代理 | AGENT

代理

深圳名望墙纸

地址：深圳市南山区工业三路与太子路交界处南海意库 2 栋 111-1 号

https://www.wallpaperdirevt.com

DE GOURNAY

品牌简介 | INTRODUCTION

DE GOURNAY 成立于 1986 年，作为世界顶级手绘墙纸的艺术品牌，DE GOURNAY 自成立以来始终将自己定位于高端奢华室内装饰品市场，主打墙纸包括：中国画系列、西洋画系列、日韩画系列等，用户主要为五星级以上酒店及高端别墅。DE GOURNAY 旨在帮助人们实现完美的室内装饰梦想。DE GOURNAY 的设计倾向于用充满活力、和谐的及对比的颜色，创造出一种幸福的氛围，让人们在繁忙的一天后能够放轻松并被美所包围着。

主打产品 | PRODUCT

▲ 2017 Spring forest wallpaper series

▲ 2017 Spring forest wallpaper series

▲ 2017 Spring forest wallpaper series

▲ Namban

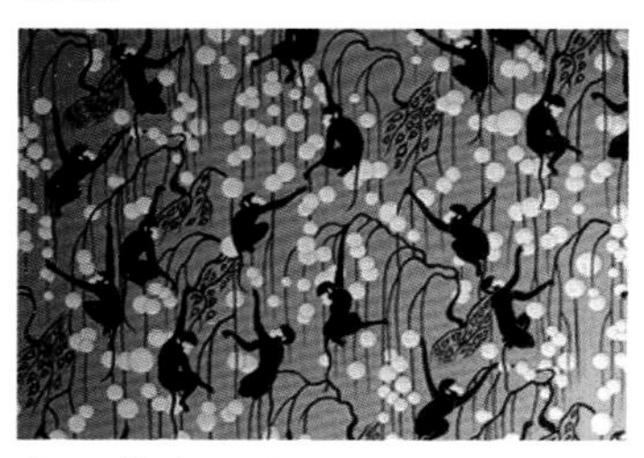
▲ Malfiple series

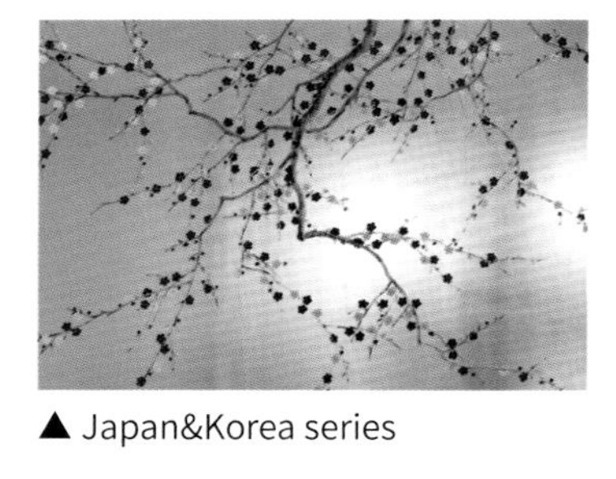
▲ Japan&Korea series

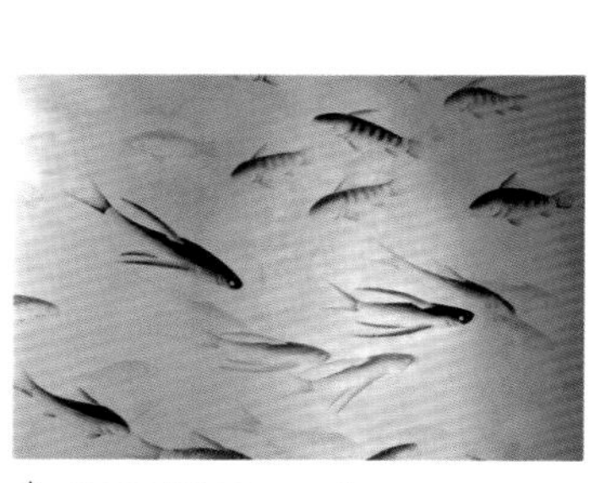
▲ Japan&Korea series

▲ Wesfern painting series

设计理念 | DESIGN KEY POINTS

DE GOURNAY 最初的设计灵感来源于 18 世纪、19 世纪欧洲流行的中国画和西洋画墙纸设计，致力于重现原汁原味的历史，展现墙纸的典雅及经久之感；之后又得益于日本江户时代的当代画风，推出经典日韩系列墙纸。DE GOURNAY 的每位工匠都是艺术家，每一件墙纸、布艺、餐盘都是艺术作品。在未来几百年里，它们将成为拍卖行中珍贵的古董。每位艺术家都在作品中融入了他的灵魂，也正是这种灵魂让 DE GOURNAY 的作品区别于机器制造的产品。

产品特点 | FEATURES

DE GOURNAY 以带有东方风情的图纹及色调著名，主打墙纸包括中国画系列、西洋画系列、日韩画系列等。手绘墙纸采用真丝、金箔、银箔等珍贵材质为底，并全部以精湛手工精心绘制而成，融历史于奢华，品位精致而典雅，为居家人士构建了一个画中梦境。DE GOURNAY 的艺术家将会全力确保最终效果尽可能完美，画师将使用可能达到的最高水准来帮客户实现梦想，而不是将自己的品位强加给客户。不论是什么方案，如果交给 DE GOURNAY，对细节和质量的关注将使墙纸成为永恒的亮点。

展厅代理 | AGENT

DE GOURNAY

地址：上海市长宁区武夷路 351 号 (近定西路)

https://degournay.com

Wall&decò

品牌简介 | INTRODUCTION

意大利 Wall & decò 公司，它彻底改变了这个行业。多年来，Wall & decò 产品系列不断扩展，增加了两个创新的系统，具有高度的视觉冲击力和巨大的技术价值：用于外墙的 OUT 系统和墙壁的 WET 覆盖系统，用于潮湿空间的墙壁覆盖系统，如浴室和淋浴室。多年来的发展始终没有改变这个独一无二的工匠产品品牌，从纯粹的意大利风格测量和构思，能够提供给每一个客户，从知名专业到纯粹的激情，不断有新的装饰解决方案。

主打产品 | PRODUCT

▲ Brasilia

Lorenzo De Grandis

▲ Hellenic

Raw

▲ Melancholy

Gio Pagani

▲ Milky Way

Eva Germani

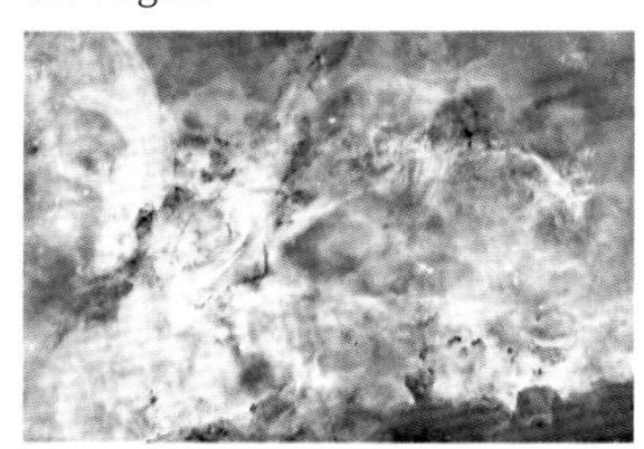

▲ Nebulae

Ctrlzak

▲ Nouveau

Geisha Ctrlzak

▲ Pink Wind

Eva Germani

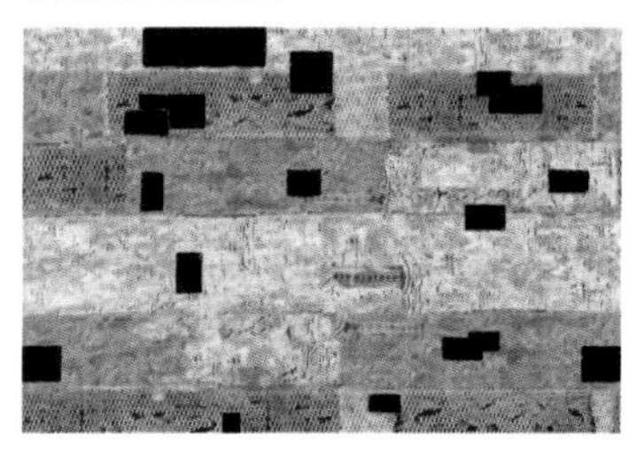

▲ Rebus

Francesca Zoboli

设计理念 | DESIGN KEY POINTS

Wall&decò 墙纸诞生于品牌创始人和创意总监 Christian Benini 的一次灵感乍现。这位原广告摄影师在给一个摄影装置制作巨型绿叶背景墙时并没想到，这些复制画将会改变他的人生。这些背景墙上引人遐想的图案立刻引起了设计师和建筑师们的注意。摄影装置成为墙面设计的一种表达形式，创意激发了独一无二的居住空间设计方案。

Wall&decò 以制作设计质量上乘、精致的大型墙纸著称，其墙纸被广泛应用于酒店、饭店和私人住宅的室内设计中。墙纸，不外乎图案、肌理、质感、科技这几大元素，难得的是 Wall&decò 却能将这些元素玩转到艺术层面。

产品特点 | FEATURES

Wall & decò 的 WET 系统需在 94 厘米宽的玻璃纤维卷筒上印刷的图案，然后用底漆，黏合剂和保护涂层将其涂在墙上。一旦铺贴，该材料是耐湿、耐黄变、耐磨损且要求不高的清洁产品。更重要的是，它可以铺贴在石膏板、PVC 甚至瓷砖的顶部，这意味着您可以选择在没有全面改造的情况下快速更换空间氛围。图案非常具有表现力和独创性，并且十分精致。

展厅代理 | AGENT

www.wallanddeco.com

MAGICIAN

梁建国

品牌简介 | INTRODUCTION

梁建国是国际著名设计师、新中式风格的室内设计大师，亦是故宫中紫禁书院的设计者，他倡导艺术生活化，生活艺术化。国内著名墙纸企业特普丽旗下银河家墙纸与国际知名设计大师梁建国联手推出了国际中式“《梁》”系列墙纸。“《梁》”系列墙纸是现代新中式风格设计第一人梁建国的创意，由博恩·哈根设计、特普丽银河家制造。“《梁》”系列墙纸是中国第一款、乃至世界第一款国际中式风格墙纸，从中国传统文化常见的场景中抽取出中式元素，并进行抽象化的艺术处理，使陈旧的传统元素焕发出新的生机。不是复古明清， 而是变革创新，在表现中国传统文化的同时，又以当代化的风格和国际化的视角进行了呈现；不仅传达出独特的中国韵味，而且还表现出了十足的国际范儿。

主打产品 | PRODUCT

▲梁 · 活字

▲梁 · 活字

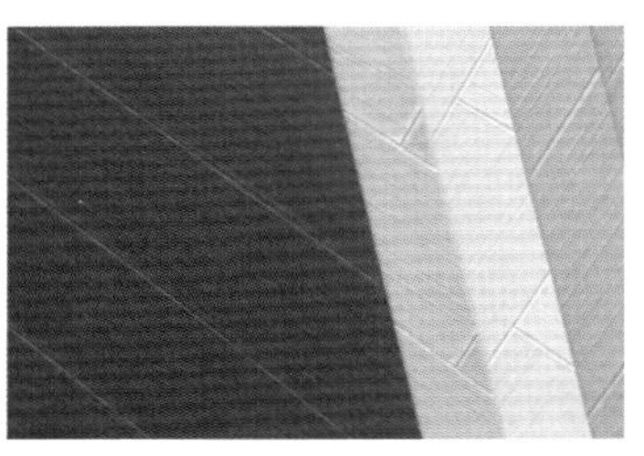
▲梁 · 青砖纹

▲梁 · 手工宣纸

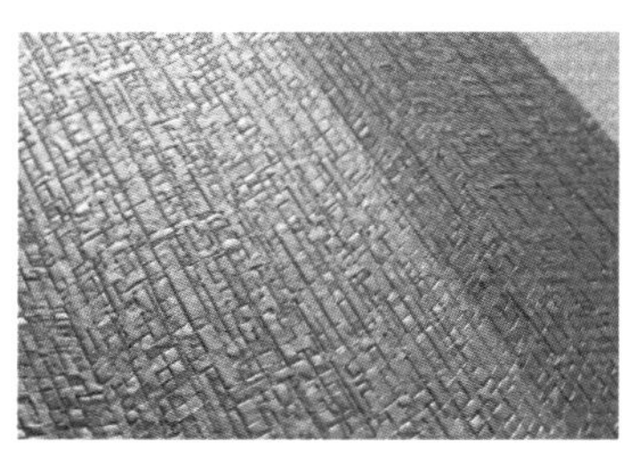
▲梁 · 蓑衣

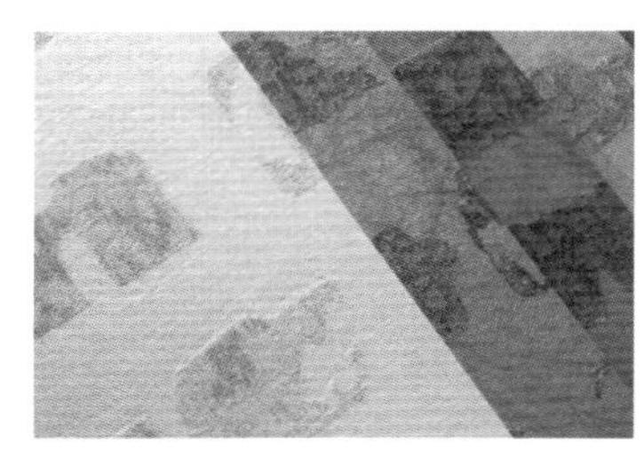
▲梁 · 文山

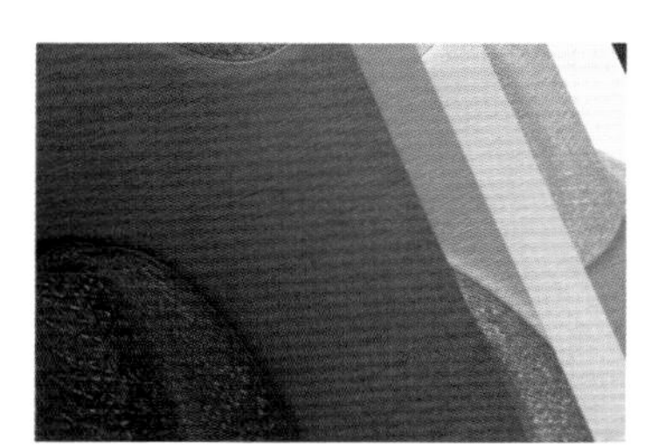
▲梁 · 杨桃

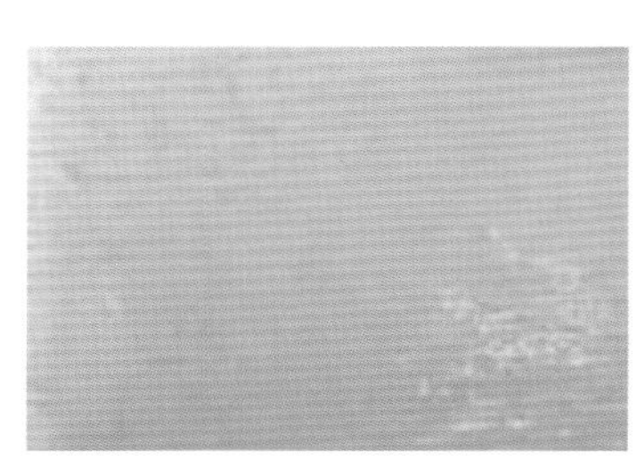
▲梁 · 残荷

设计理念 | DESIGN KEY POINTS

梁建国认为中国的时尚与国外的区别是中国时尚内敛，因为东方文化本身就是含蓄、内敛，讲究那种慢热的状态，不是那么直截了当，它会通过另外一种方式来表达它内心的态度。中国的美学思维也是这样的，使用颜色没那么鲜艳，表达的思想没有那么直接，这是中国的时尚。活字印刷术的历史传承、人字纹的人上人的寓意、青砖纹的古韵典雅、香云纱的色彩变幻，花形图案简约而富有中国古典文化意义。“《梁》”样本中融入百余款花型花色，版本以中华民族传统的新中式风格为主，简约而古典的设计、色彩绚丽，将中国千年古文化的传统元素运用其中。

产品特点 | FEATURES

“《梁》”系列墙纸中最引人瞩目的，就是“活字印刷 ”墙纸。它灵感源自中国传统的活字印刷。墙纸上的格子如同印刷术使用的纸底，如果嫌底纸过于单调，还有镀了金箔的抽象化活字方块可选，您可以自由发挥创意，把活字安放到纸上，让家里呈现出浓浓的文化韵味。受到竹简整齐又错落的形式启发，设计出的“《梁》· 文山”墙纸，同样将图案抽象出来进行排列，形成质朴、文雅的家居氛围。“梁”系列的“人字砖纹”墙纸将“人”形图案提取之后，配以金属色泽底纹，纹理细腻，构建出宁静、悠远的家居氛围。

展厅代理 | AGENT

旗舰店

金源居然之家地下一层银河家墙纸

地址：北京市海淀区远大路 1 号居然之家金源店装饰材料馆

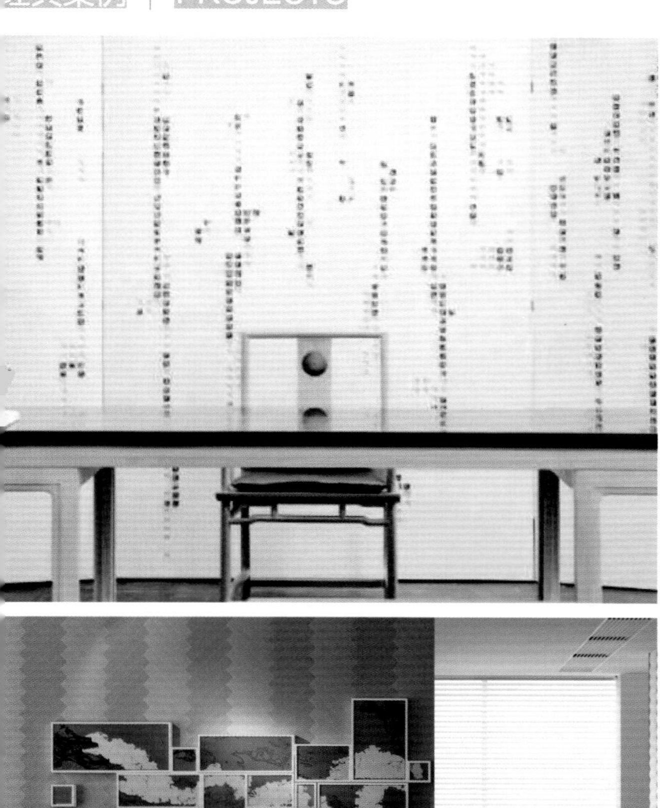

生仁府

生 | 仁 | 府 ®
SHENG RENFU

品牌简介 | INTRODUCTION

2002 年 12 月 5 日，生仁府在一家知名英国室内奢侈手绘墙纸公司就职并担任部门主管一职，曾经和团队参与过香奈儿 COCO 小姐香水广告背景墙、胡润百富公司、雅诗兰黛专柜等知名案例的制作；2010 年 12 月日创立家旗润福手绘墙纸工作室；2013 年 4 月，联合创始人张爽加入，并成立苏州生仁府装饰材料有限公司，创立并注册生仁府品牌。时至今日，苏州生仁府装饰材料有限公司手绘墙纸定制已 5 年，虽然目前还不是这个行业的佼佼者，但力争做中国人自己的高端手绘墙纸定制品牌，让每一个客户都可以欣赏到中国文化的艺术产品。

主打产品 | PRODUCT

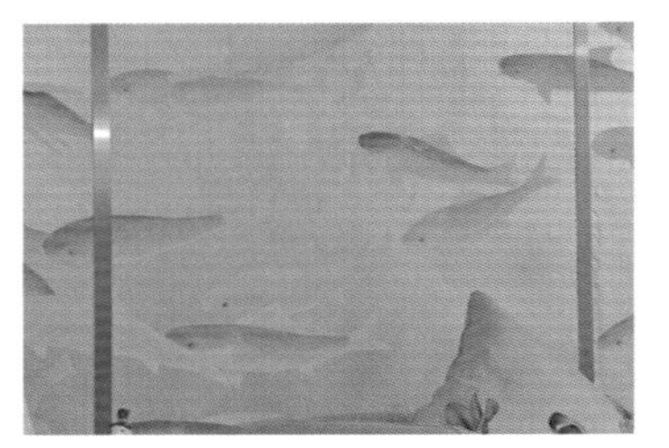

▲银箔手绘鱼

▲牛皮纸（无纺纸）手绘西洋画墙纸

▲手绘西洋画风景墙纸

▲西洋画

▲西洋画

▲真丝单色手绘墙纸

▲真丝夹宣方块纸做旧手绘墙纸
（颜色可以定制）

▲真丝夹宣手绘墙纸
（颜色可以定制）

设计理念 | DESIGN KEY POINTS

生仁府旨在帮助您实现完美的室内装饰梦想。不论是在制作餐盘、中式餐厅、19 世纪法式西洋画墙纸或是金箔顶棚，每个参与项目的工作人员都经过专业培训。生仁府的专业人士会与客户探讨很多专业问题，比如在定制一幅 18 世纪手绘中国画风格墙纸时如何正确选择装饰的细节和颜色的搭配。生仁府的优势正体现在对这些众多知识的掌握。

产品特点 | FEATURES

生仁府的设计倾向于用充满活力的、和谐的及对比的颜色，创造出一种幸福的氛围，让您在繁忙的一天后能够放轻松并被美所包围着。如果您喜欢单色调、柔和的颜色，或秋天的颜色，生仁府的艺术家将会全力确保最终效果尽可能完美，生仁府的画师将使用能达到的最高水平来帮您实现梦想，而不是将画师的品位强加给客户。不论是什么方案，如果让生仁府来实现，对细节和质量的关注将使您的设计成为永恒的亮点。生仁府不受国家、地区、时间的限制，只要您提供尺寸和画面或生仁府提供方案进行定稿，生仁府就可以为您定制。

展厅代理 | AGENT

展厅

生仁府

地址：苏州市相城区渭塘骑河西路 188 号

http://www.shengrenfu.com/

falan家居

ARMANI CASA

ARMANI / CASA

品牌简介 | INTRODUCTION

高端奢侈阿玛尼（ARMANI/CASA）品牌家具，是诞生于 20 世纪 80 年代中期的著名国际家具顶级品牌之一。ARMANI/CASA 自创立伊始即传承了贵族血统，以其独特风格受到时尚新贵的青睐，其设计风格在坚持一贯的简约理念的同时，也在繁杂的都市生活中寻求自我和个性独立。瞄准追逐时尚的财富新贵一族，ARMANI/CASA 在设计上通过奢华时尚、华丽色系、个性设计、暗藏性感的表达来展现新贵的与众不同，令人无须刻意炫耀。ARMANI/CASA 在简约中展现着欧洲风格所特有的华贵气质，同时又将现代感巧妙地穿插于经典意境中，更显风情，为财富新贵带来最国际化时尚的家居奢华消费选择。

主打产品 | PRODUCT

▲ Aida

▲ Fuji

▲ Iolanta

▲ Java

▲ Macbeth

▲ Salomè

▲ Pantheon

▲ Versailles

设计理念 | DESIGN KEY POINTS

ARMANI/CASA 相信，在对时尚的追求达到极致之后，人们所需要的不仅仅是外在的美，而更在于心灵的体验。透过舒适简约的设计、环保健康的选材、华丽的色彩、独具一格全球首创的鳄鱼纹饰面倾诉着典雅，产品充满着性感的魅力，诠释美学的格调。

阿玛尼家居一直呈现着一套完整的美学系统，设计上不断吸纳东方哲学与西方的时尚主义。所有的设计，都在贯彻着“少就是多”的极简主义核心理念。实际上，ARMANI/CASA 就是乔治·阿玛尼（Giorgio Armani）生活态度及生活品位的折射，也是他低调、优雅时装设计精神的延伸——极简风格、纯手工制作及大气的设计都是 ARMANI/CASA 的特点。

产品特点 | FEATURES

作为时装大师，Giorgio Armani 对面料的敏感也充分体现在他的家居布艺作品上。在材质的选择上，独特、讲究的细节是 ARMANI/CASA 的特点，家居怀旧中又透露出未来感觉是其最鲜明的特色。另外，张扬的层次结构、太阳图案和金色绚彩，又使 ARMANI/CASA 在璀璨之外还拥有扣人心弦的低调华丽。

ARMANI/CASA 的美学哲学延续了其时装线的风格——简约、优雅，善于将不同的材质、颜色、面料等完美结合，并注重细节的设计。在其设计里任何繁复无用的东西都会被剔除，每一处都体现了精致的氛围和低调的奢华。一个手柄、一颗按钮、一个装饰螺钉等简单元素，不是大批量生产的。随处可见东方情结，阿玛尼的家具带有浓郁的东方特征。

展厅代理 | AGENT

展厅

帝幔进口家具奢品馆 B 栋一层、五到七层

地址：上海市闵行区吴中路 1265 号（合川路口）

范思哲家居（VERSACE HOME）

品牌简介 | INTRODUCTION

范思哲（VERSACE）以其鲜明的设计风格、独特的美感、极强的先锋艺术表征征服全球。1992 年初 VERSACE HOME 家居系列的诞生，将品牌极致奢华的概念融入日常生活中。经典的美杜莎头像和希腊回纹象征着奢华与前卫、优雅与神秘。多彩的印花和巴洛克美学等元素将时尚与艺术精妙融合，完美统一了各种对比强烈、反差极大的美学风格。如今范思哲家居成为意大利奢侈品的典范，享誉世界，已然是名利场中的真正贵族，其带给家居界的时尚奢华之光芒，那么耀眼而让人痴迷。

范思哲家居品牌从传统希腊神话中永恒美丽的象征中汲取灵感。2015 年米兰家具展的作品中将之演绎为现代性和创造性的“语言”，完美诠释着 Made in Italy 的独特风格。

主打产品 | PRODUCT

▲ Barocco Flowers

▲ Baroque And Roll

▲ Butterfly Barocco

▲ Giungla

▲ Greek

▲ La Coupe Des Dieux

▲ Pompei

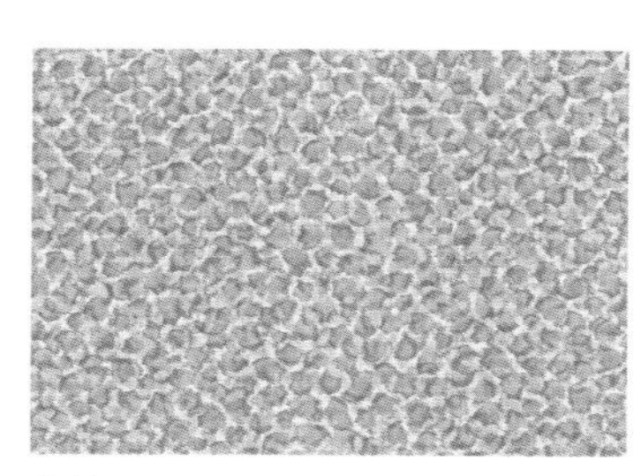
▲ Vasmara

设计理念 | DESIGN KEY POINTS

范思哲品牌一贯秉承大胆、强烈、充满诱惑力的设计理念，精致、上乘的面料辅以明亮的色彩和大胆的创意，赋予品牌独树一帜的鲜明风格。

范思哲家居其标志采用神话中蛇妖美杜莎的造型作为其精神象征所在画面，超脱了歌剧式的庄严、文艺复兴的华丽及巴洛克的浪漫，并以极强的先锋潮流艺术特征受到世人的追捧，经典即是时尚。范思哲家居持着品牌一贯的华丽风格，体现出神秘的巴洛克风格印花。鲜艳夺目的色彩，不仅点出了鲜明的品牌特色，更让每一件作品都像瑰丽、精致的艺术品，那一大片的金黄色，更是闪耀。

产品特点 | FEATURES

范思哲坚持着意大利的奢华风范和设计中的时代感，流露着对梦想的写意。范思哲凭借其对戏剧、舞蹈、绘画及雕塑等各种形式艺术的极大热情，创立之初，家居系列只包括家居纺织品（只有简单的床单、绒被、枕头和垫子），随后又与德国知名瓷器品牌 Rosenthal 合作了著名的瓷器餐具系列：美杜莎、Meandre、马可·波罗、巴洛克、太阳王、Les Tresors de la Mer 及 Le Jardin de Versace 等。

1992 年之后范思哲家居推出的每个系列都有自己的新主题，这些主题都和某个装饰象征相关，如美杜莎或新古典希腊回纹饰，这些现在已经成为范思哲 (Versace) 的标志符号。

展厅代理 | AGENT

展厅

帝幔进口家具奢品馆 B 栋一层、五到七层

地址：上海市闵行区吴中路 1265 号（合川路口）

禾润世家

地址：成都市高新区天和西二街 189 号富森创意中心 A 座 22 楼

www.versacehome.it

颐和墙纸

品牌简介 | INTRODUCTION

颐和墙纸于 2001 年创立，是集研发、设计、生产、销售为一体的综合型墙纸企业。15 年来公司稳步发展，并与保利地产、万科置业、世贸集团、广州富力集团、华润集团、大连万达集团等各大房产公司合作，为其开辟专业工程市场，并成为这些企业的年度战略合作单位。更与顺德碧桂园集团建立起长达 15 年战略合作，在为其楼盘、酒店等提供优质产品的基础上，辅以专业完善、多样化的服务。公司旗下的第二品牌颐益墙纸，凭借时尚新颖的产品设计风格，深受年轻消费者喜爱。颐字取于《礼记·曲礼》：百年曰期颐，意思是人生以百岁为期，所以称百岁为“期颐之年”。

主打产品 | PRODUCT

▲藏珍系列

▲鸿图系列

▲金星系列

▲墙布系列

▲施展系列

▲天宝系列

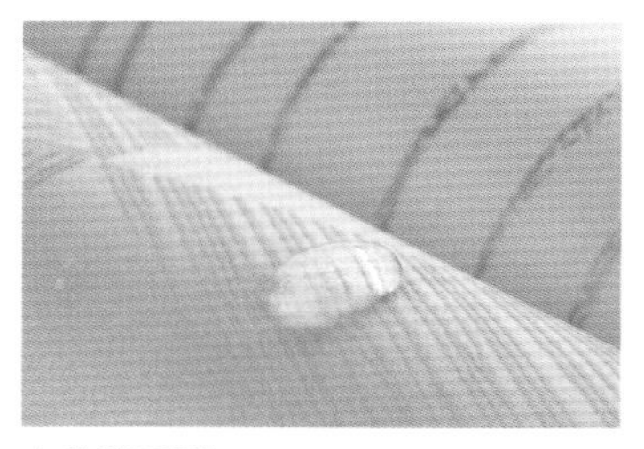
▲艺晴系列

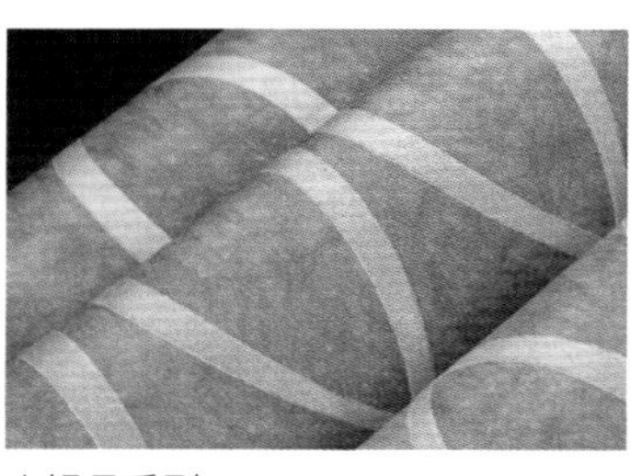
▲银月系列

设计理念 | DESIGN KEY POINTS

颐和墙纸不随波逐流，坚持原创。从日常生活中提取创造灵感，创作出高品质又贴近生活方式的艺术产品。

颐和墙纸环保、健康、使用便捷，它打破了传统的装修风格，可以让人们随心所欲地搭配，营造出自己喜欢的各种居住环境效果。颐和墙纸的款式千变万化、色彩丰富，人们追求改变居住环境空间的环保、温馨、舒适等效果，唯有颐和墙纸才是真正满足现代人们对营造自己居住生活空间的所求。

产品特点 | FEATURES

颐和墙纸作为国内首家推广使用德国奥斯龙无纺布作为基材的墙纸品牌，产品工艺已经领先国内同行产品，有防水、防污等技术功能。目前产品开发有：PVC 墙纸、无纺布墙纸、纯木浆墙纸、洗涂工艺墙纸、布艺墙纸、十字布底或无纺布底墙布、编织物墙纸等墙纸。

展厅代理 | AGENT

颐和墙纸

地址：上海市闵行区吴中路 1258 号 E 座四层

www.yihewp.com

MYB TEXTILES

品牌简介 | INTRODUCTION

MYB TEXTILES(以下简称 MYB) 于 1900 年创办于苏格兰艾尔郡，是全球唯一具有诺丁汉蕾丝设计团队的企业。再加上他们的苏格兰马德拉斯布 (Madras) 和传统制程技术，使得 MYB 无人可以媲美。

多年来，MYB 大力投资苏格兰蕾丝和马德拉斯布的生产技术与现代化。技术的创新和研发，再加上 5 万多件的馆藏，让 MYB 占有独特的地位。丰富的馆藏意味设计团队可以从过去 120 年的设计中寻找灵感，MYB 纺织已为产品的专业技术与悠久传统打响名声，因而吸引全球要求质量的客户。

主打产品 | PRODUCT

▲ Classic Stripe

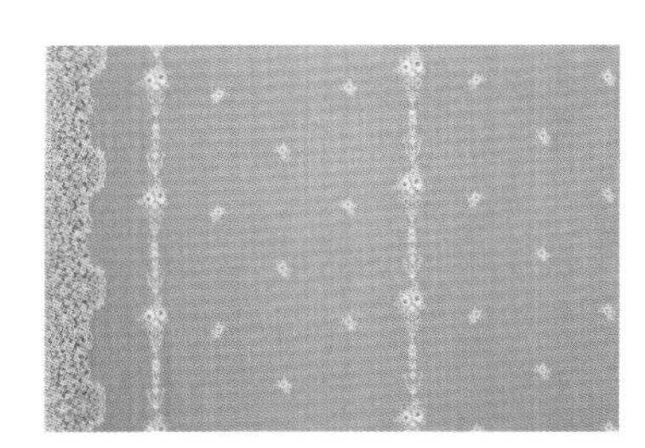
▲ Elgin

▲ Emma

▲ Lori

▲ Oriental Blossom

▲ Pamela

▲ Rothesay

▲ Shannon

设计理念 | DESIGN KEY POINTS

MYB 纺织品以其不断的产品和设计创新，新技术和高度熟练的员工队伍的推动，赢得了全球公认的高质量生产承诺。 这使 MYB 能够快速提供定制设计的批量和小批量生产，同时保持业内最高的质量标准。 MYB 全面的精美图案面料、窗帘和桌布在任何豪华的内饰上都引人注目。

产品特点 | FEATURES

MYB 投入巨资开发和现代化用于创建苏格兰蕾丝和马德拉斯的生产技术。作为帮助他生产第一款无缝气囊的织机的回报，当地发明家迈克尔 • 利顿（Michael Litton）利用他的技术专长开发了一种定制的技术，然后 MYB 用这种技术编织他们的苏格兰马德拉斯织物。今天，很多原装的诺丁汉蕾丝织机也被修改并与设计师的 CAD 电脑联网。这对于 MYB 来说又是一个惊人的发展，并且增加了生产和设计能力，同时减少了客户的周转时间。

展厅代理 | AGENT

www.mybtextiles.com

Sunbrella

品牌简介 | INTRODUCTION

Sunbrella(赛百纶) 隶属于美国格伦雷文 (Glen Raven) 公司至今已有 130 多年历史，是 100% 原液着色纤维创始者，以 Sunbrella 品牌命名并享誉全球。2006 年格伦雷文在中国设立亚太生产中心，目前在全球范围内拥有 10 个生产基地，40 个销售公司，横跨六大洲 ,17 个国家，为各行业提供定制化面料解决方案。

Sunbrella(赛百纶) 品牌以不褪色、抗紫外线、安全环保、易清洁等优点被广泛应用于室内外家居环境；追求潮流色彩以及奢华手感的极致体验成为设计领域专用功能面料，为每一个作品赋予灵魂与生命。

主打产品 | PRODUCT

▲ Classic Stripe

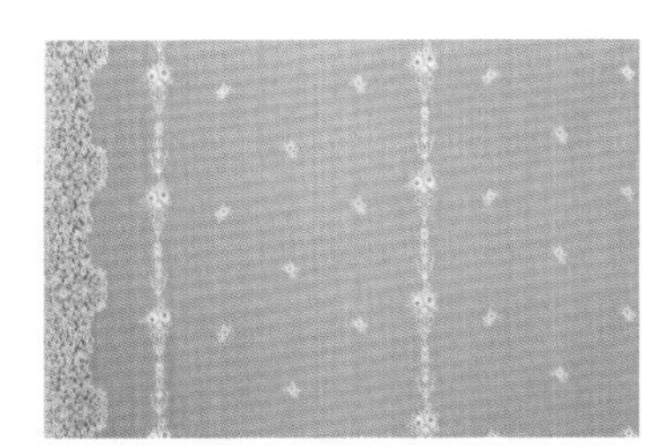

▲ Elgin

▲ Emma

▲ Lori

▲ Oriental Blossom

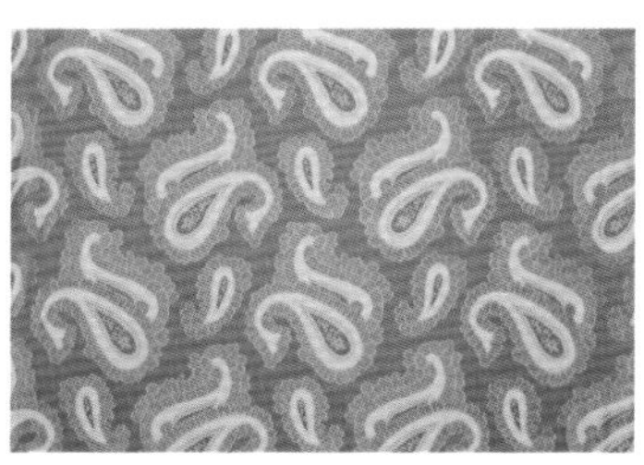

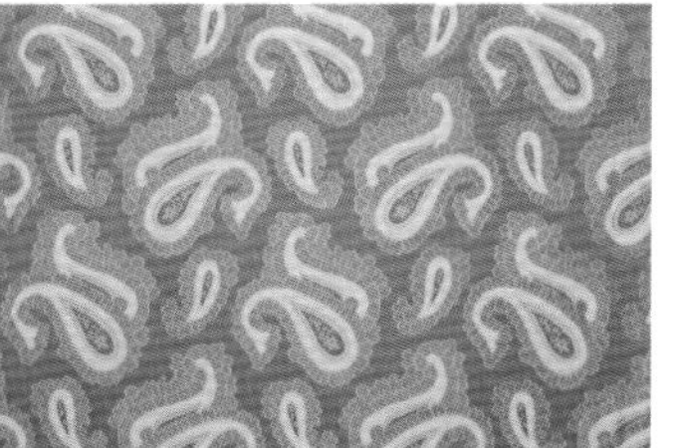

▲ Pamela

▲ Rothesay

▲ Shannon

设计理念 | DESIGN KEY POINTS

无论是户外公共环境还是室内居家环境，Sunbrella 致力于为每一位用户提供节能环保、时尚的面料。倡导“功能面料灵感生活”的全新理念，带给您舒适与视觉的体验。没有好的设计，家居生活将会索然无味。色彩、纹理和样式的完美搭配，不仅能够更加美观，而且可以让人焕发精神。

产品特点 | FEATURES

Sunbrella 的产品具有棉质品厚重的外观和质感，但是不会褪色或变质，即使面对最强烈的阳光也可以不用维护放心使用多年。

展厅代理 | AGENT

www.sunbrella.com

PROFLAX

品牌简介 | INTRODUCTION

PROFLAX 成立于 1864 年，卓越的设计由 PROFLAX 纯手工完成。作为德国品牌，PROFLAX 把“德国制造”理解为每针都适合。PROFLAX 的自豪之处在于 PROFLAX 每年开发两次全新的系列。 在 2018 年春夏，它有九个迷人的主题，新品可以与 PROFLAX 的基本纯色完美协调。 实际上，这就有了 489 种不同的色调可供选择，这也是另一个值得骄傲的原因。

主打产品 | PRODUCT

▲ Boda

▲ Cento

▲ Mira

▲ Secret

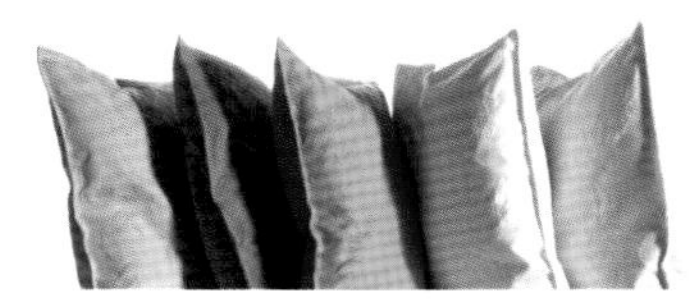

▲ Sevilla

▲ Salomè

▲ Svenia

▲ Versailles

设计理念 | DESIGN KEY POINTS

PROFLAX 的设计师总是在寻找最新的趋势、想法、灵感。在公司的设计工作室里，PROFLAX 每个季节都会创造出自己的图案和图案，就像手工一样。PROFLAX 很偏爱彩色， 这就是为什么 PROFLAX 永远不会用沉闷的白色拉链缝制浅杏色的坐垫。PROFLAX 的每一个拉链与坐垫或被套的颜色都相匹配，即使是精确的线程阴影也是精心挑选的。年复一年，设计师、工匠和织物专家以奉献精神、热忱和专业精神，为这项工作提供了丰富和深入的知识。

产品特点 | FEATURES

对于 PROFLAX 定制尺寸的团队来说，特殊订单都是他们的库存交易。因此，您可以将 PROFLAX 基本或当前季节性的任何产品按您自己需要的规格订购。圆形或椭圆形的桌布对 PROFLAX 来说不成问题。PROFLAX 可以根据您的设计量身定制各种形状的家具，并以其精湛的工艺为客户量身定做。只使用高品质的品牌拉链，与颜色和尺寸完全匹配的各自的坐垫或羽绒被套。 即使缝制棉花也必须完美匹配。

展厅代理 | AGENT

proflax.de/en/

packstation

BASIC
ESSENTIALS

MISSONI HOME

MISSONI HOME

品牌简介 | INTRODUCTION

MISSONI HOME 项目背后隐藏着品牌提倡的生活选择和生活方式，这些项目多年来已经从布料转变为家具。这就像一个不断演变的建筑。罗西塔的创作理念是“家是活着的，它不断发展，永不完成。”她为MISSONI HOME 品牌注入了色彩。使用不寻常、迷人的面料，创新、简单的形状转化为复杂的设置，重要的、看似简单的元素轻松融入现有的环境，增加活力和色彩。形式分离和联合，易于移动，包括从室内到室外，反之亦然，使花园的魔法氛围带入室内。HOME 杰出的创造力与 T & J Vestor 的专有技术相结合，并将其置于市场前列，成为以想象力和创新为基础的合作伙伴关系的成功要素，并在全球范围内赢得了广泛的赞誉。

主打产品 | PRODUCT

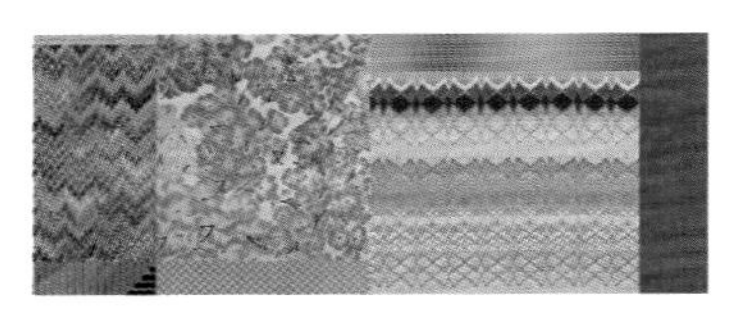

▲ Copper Geranium

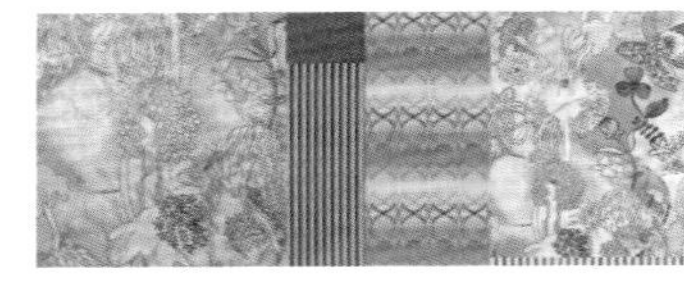

▲ Dreamland

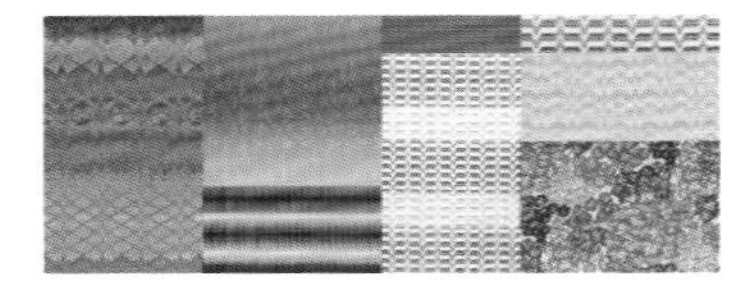

▲ Geranium

▲ Master Moderno

▲ Nordic Fantasy

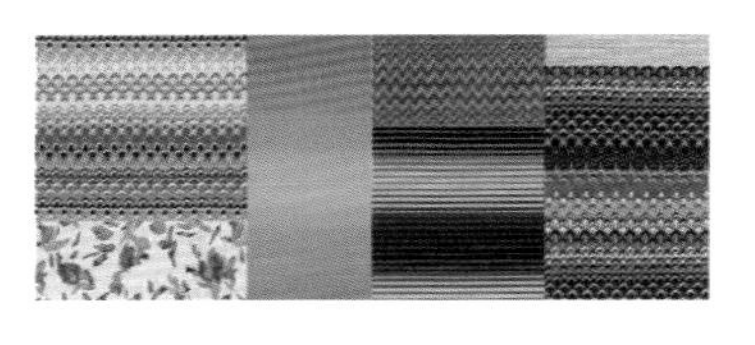

▲ Rose Garden

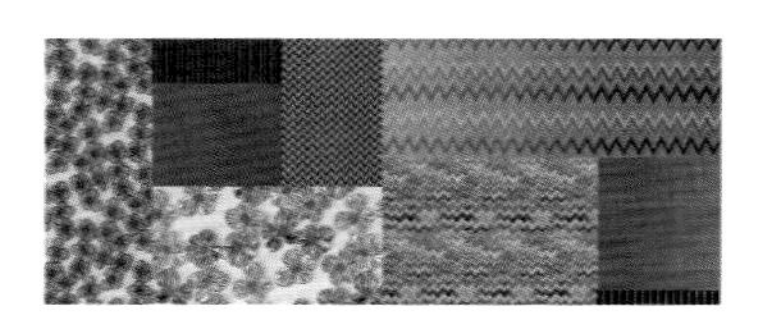

▲ Silver Springtime

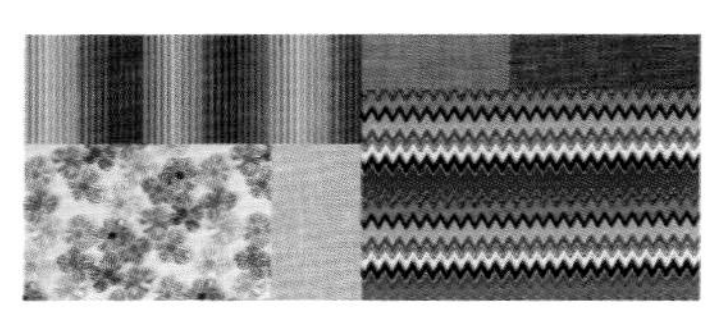

▲ Springtime

设计理念 | DESIGN KEY POINTS

在“家”的设计理念中，移动时尚的灵感和情感。将这一复杂的想法转化为解决方案，纺织品和家具使得两家意大利顶级公司之间共同合作成为可能。首先是顶级时装设计师之一的 Rosita Missoni 和 T & J Vestor 家族的家族传统。在 Rosita Missoni 设计的家居纺织品和家居理念中，设计必须引起情绪和好奇心，它必须成为一个色彩和情绪的绿洲，一个舒适的外壳充满吸引力，不寻常的元素在安排在里面。除精美的印花、绣花或提花织物外，现在还有室内外装饰和家居及相关空间装饰的产品和解决方案。近年来 Rosita Missoni 品牌显著的扩张与其国际声誉相得益彰。

产品特点 | FEATURES

一个房子的装修项目的元素中面料是家居起点。根据面料的线索，产生有吸引力的建议来装饰家庭内外。从大客厅、休息区，包括床和浴缸空间，面向花园和梯田的外部。由 Rosita Missoni 设计的色彩与制造能力交织在一起的系列，突显了其个性和创意精神，以及呈现出强烈情绪的标志性图案、微妙的图案、蜿蜒的曲折和扭曲的曲线为植物印花提供了一个充满北欧幻想的、俏皮的、丰富多彩的草图。

展厅代理 | AGENT

www.missonihome.com

澳世家（AUSKIN）

品牌简介 | INTRODUCTION

澳世家 1992 年诞生于澳大利亚黄金海岸，1997 年进入中国市场，以款式尊贵典雅、设计时尚、品位独特而著称，是世界知名的高档羊毛皮制品品牌。在短短二十几年的发展中，澳皮王一直在羊毛皮行业内雄踞顶端，致力于品质和创新的，依托澳大利亚本土原材料资源优势，引进并吸收新西兰先进毛皮处理工艺，为世界各地消费者提供设计时尚、品质精良、健康环保的高档羊毛皮用品。迅速拓展了国际羊毛皮行业发展空间，成为国际高档羊毛皮制品的主要供应商，产品涵盖家居装饰、汽车装饰、婴儿用品、医疗用品、马具、工业用羊毛皮等十几个品类，有近千个品种。

主打产品 | PRODUCT

▲ Love cushion

▲ Feather cushion

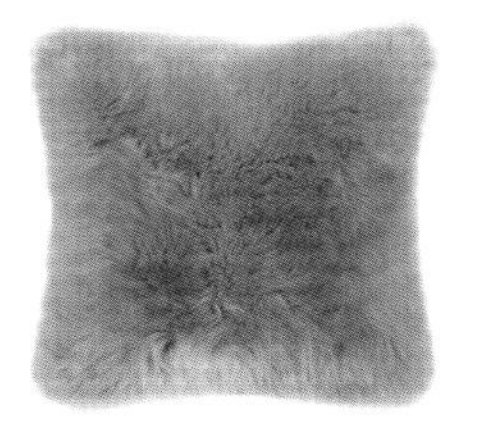

▲ Wool cushion

▲ Simole B&W cow cushion

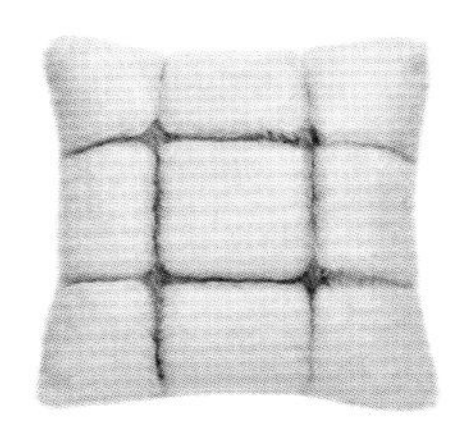

▲ Modern cushion

▲ European style

▲ Cloud cushion

▲ European style

设计理念 | DESIGN KEY POINTS

简约、典雅的设计风格是澳世家羊毛皮产品的典型特征。设计简约、大方，色彩稳重、协调，注重产品的功能性和实用性，构成了澳世家产品的独特设计风格。澳世家始终引领着羊毛皮制品行业的走向，始终关注人与自然的和谐统一，用心做羊毛皮好产品，为消费者带来自然好生活。澳世家凭借澳洲和新西兰当地的专业采购团队，在生羊毛皮采购方面全部按照澳皮王的分级标准来精选优质羊毛皮，仅约 15% 的上等美利奴羔羊毛皮符合澳世家产品的选料标准。公司作为众多国际知名零售连锁店的长期供应商，其所选用的原料成品质量均已达国际标准。

产品特点 | FEATURES

澳世家羊毛皮产品的生产技术和工艺与国际先进水平保持同步，全部生产过程以健康安全和环保为首要宗旨。在毛面处理和皮板鞣制工艺方面，澳世家拥有独特的技术秘诀，是羊毛皮行业的技术领先者。使用澳世家产品的人首先是热爱生活的人，使用澳世家产品的人还应该是乐于享受高生活品质、积极行动的人，洞察高品质生活的真谛。

展厅代理 | AGENT

https://auskin.tmall.com

KATE MOSS

伶居丽布

品牌简介 | INTRODUCTION

广州伶居丽布成立于 2002 年，是集研发、设计、生产、销售为一体的原创装饰床品布艺公司，拥有强大的产品设计开发实力，以"注重细节、追求品质"为经营理念，倡导全新的生活理念，传递完美的生活态度，感受细腻、精美的生活方式。

主打产品 | PRODUCT

▲深蓝色编织立体绗棉方枕

▲绣花钉珠方枕靠枕装饰靠背

▲几何重工钉珠古典靠垫

▲美式靠背暗纹提花方枕

▲新中式抱枕古典腰枕

▲女孩房靠垫珠珠靠枕

▲田园复古波浪纹钉珠腰枕

▲毛绒搭巾

设计理念 | DESIGN KEY POINTS

凭借多年的高端软装设计经验，伶居丽布准确把握室内家居风格流行趋势，矢志不渝地为客户提供样板房、酒店会所、高端住宅等设计领域中纺织品的高端服务。

伶居丽布强调时装性和艺术性，以高级时装的精神做床品，以"时装艺术大家纺"为设计理念，将深厚的民族文化和现代时尚艺术完美结合。多年以来，伶居丽布一直以一丝不苟的产品质量管理、优质的特色服务赢得广大客户的信赖，以其独具特色的创意设计、精湛的工艺、卓越的品质备受推崇。

产品特点 | FEATURES

伶居丽布奉行“质量第一、以人为本、顾客至上”的理念，从生产现场管理着手，注重各道环节的质量控制，力求精益求精。在伶居丽布，总能找到一种人与织物之间的和谐关系，满足最多样的文化展示和生活方式需要。

展厅代理 | AGENT

旗舰店

地址：深圳市罗湖区艺茂工艺品市场笋岗梅园路 807 栋、808 栋五层 E024 E025

https://ljlb.jiyoujia.com/

W
K

范思哲（VERSACE HOME）

品牌简介 | INTRODUCTION

范思哲（VERSACE）以其鲜明的设计风格、独特的美感、极强的先锋艺术表征征服全球。1992 年初 VERSACE HOME 家居系列的诞生，将品牌极致奢华的概念融入日常生活中。经典的美杜莎头像和希腊回纹象征着奢华与前卫、优雅与神秘，多彩的印花和巴洛克美学等元素将时尚与艺术精妙融合，完美统一了各种对比强烈、反差极大的美学风格。如今范思哲家居成为意大利奢侈品的典范，享誉世界，已然是名利场中的真正贵族，其带给家居界的时尚奢华之光芒，那么耀眼而让人痴迷。

范思哲家居品牌从传统希腊神话中永恒美丽的象征中汲取灵感。2015 年米兰家具展的作品中将之演绎为现代性和创造性的“语言”，完美诠释着 Made in Italy 的独特风格。

主打产品 | PRODUCT

▲ Bread and Butter Plate, 7 inch I Love Baroque Nero

▲ Le Jardin De

▲ Les Tresors De La Mer

▲ Medusa Blue

▲ Cream Soup Cup and Saucer I Love Baroque

▲ I Love Baroque

▲ Medusa Gala

▲ Medusa D’OR

设计理念 | DESIGN KEY POINTS

范思哲家居品牌一贯秉承大胆、强烈、充满诱惑力的设计理念，精致、上乘的面料辅以明亮的色彩和大胆的创意，赋予品牌独树一帜的鲜明风格。

范思哲家居其标志采用的神话中蛇妖美杜莎的造型作为其精神象征所在画面，超脱了歌剧式的庄严、文艺复兴的华丽及巴洛克的浪漫，并以极强的先锋潮流艺术特征受到世人的追捧，经典即是时尚。范思哲家居持着品牌一贯的华丽风格，体现出神秘的巴洛克风格印花。鲜艳夺目的色彩，不仅点出了鲜明的品牌特色，更让每一件作品都像瑰丽、精致的艺术品，那一大片的金黄色，更是闪耀。

产品特点 | FEATURES

范思哲家居坚持着意大利的奢华风范和设计中的时代感，流露着对梦想的写意。范思哲凭借其对戏剧、舞蹈、绘画以及雕塑等各种形式艺术的极大热情，创立之初，范思哲家居系列只包括家居纺织品（只有简单的床单、绒被、枕头和垫子），随后又与德国知名瓷器品牌 Rosenthal 合作了著名的瓷器餐具系列：美杜莎、Meandre、马可·波罗、巴洛克、太阳王、Les Tresors de la Mer 以及 Le Jardin de Versace 等。

1992 年之后推出的每个系列都有自己的新主题，这些主题都和某个装饰象征相关，如美杜莎或新古典希腊回纹饰，这些现在已经成为范思哲家居的标志符号。

展厅代理 | AGENT

展厅

帝幔进口家具奢品馆 B 栋一层、五到七层

地址：上海市闵行区吴中路 1265 号（合川路口）

禾润世家

地址：成都市高新区天和西二街 189 号富森创意中心 A 座 22 楼

www.versacehome.it

VIRTUS

品牌简介 | INTRODUCTION

VIRTUS 于 1945 年由 Virtus 家族创立。之后由 Blanca Villuendas Virtus 女士开创了青铜设计世界，是顶级家居装饰品和工艺品行业中处于领先地位的西班牙公司，采用古式沙模浇铸工艺。最主要的原材料是品质优良的青铜，青铜经过沙模浇铸和手工装配之后，可以达到最顶级的手工抛光和定型效果。依赖工艺师的“最后触碰”，同样的产品可以拥有完全不同的效果：自然铜色（手工抛光成金铜色）、手绘（青色和蓝色混合自然铜色）、仿古（特殊氧化后的深棕色）、青铜色（特殊氧化后的青铜混合自然铜色）、混搭（自然铜色和仿古铜色配在一起的独特外观），同时可能给相同的产品镀金（24K）、镀银 (999/000) 和镀镍。

主打产品 | PRODUCT

▲ Copper wall mirror

▲ Horence

▲ Horse head clock ornaments

▲ Rose desk clock decoration

▲ Copper high shelp

▲ Dali photo frame

▲ Bambi decoration

▲ I beria horse decoration

设计理念 | DESIGN KEY POINTS

VIRTUS 的工厂有 4200 平方米的仓库，有 35 位对青铜技艺具有独特见解的设计师，保证为消费者提供最完美的服务。在俄罗斯、意大利、捷克、罗马尼亚、美国、葡萄牙等国家，VIRTUS 品牌众人皆知，在那里 VIRTUS 的广告活动深入到每位终端消费者的心里。同时，VIRTUS 有自己的“金牌顾客”，例如：内曼•马库斯（美国以经营奢侈品为主的高端百货商店），Palacio de Hierro（墨西哥的百货公司），Gazzaz & Co.（沙特阿拉伯的百货商店），Gum(俄罗斯的百货商店)，以及全世界其他国家里经营奢侈家居装饰品和工艺品的商店。

产品特点 | FEATURES

VIRTUS 将工匠的生产技术与最先进的技术相结合，从而实现古董与最现代风格相结合的美感。 VIRTUS 采用最精细的加工工艺，按照纯粹的工艺流程和最好的材料， VIRTUS 的产品是在熔炼沙子、手工抛光和堆焊到炉子上制成的。沿袭着古代工艺， VIRTUS 为消费者设计打造顶级、经典、现代的家居装饰品和工艺品。VIRTUS 已经走向国际市场，采用最现代的质量控制管理模式。

展厅代理 | AGENT

https://virtuschina.taobao.com

http://www.virtus1945.com/

Zuny

品牌简介 | INTRODUCTION

传承母公司四十余年之皮革手缝工艺，Zuny 于 2007 年诞生。以崭新的设计思维赋予传统工艺新的生命，期许能记住根本，并在追求简约之美的旅程中走得更远、更精彩。Zuny 是个始于皮革手作工艺的生活家饰品牌，一直以来以外形生动的书挡及镇纸产品进入居家空间，专注以熟练的工艺与利落而温润的线条还原对象与人之间原有的亲近关系，期望创造出不失本真态度且亲和的设计，找回生活记忆里一直存在的情感，营造一个让人留恋的温暖所在。

主打产品 | PRODUCT

▲ Anteater Siso Bookend

▲ Chick Iger Bookend

▲ Dog Titan Paperweight

▲ Elephant Large

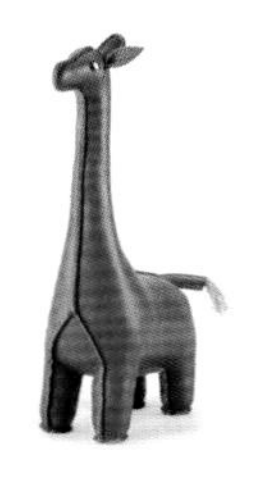

▲ Giraffe Paperweight

▲ Gorilla Milo Bookend

▲ Lion Amo Giant

▲ Teckel Bookend

设计理念 | DESIGN KEY POINTS

由于时代与科技的进步，自然资源的逐渐减少，大自然的反扑也愈加明显，其中最明显的就是全球温室效应 (Global Warming)，种种现象不断地提醒着我们：地球只有一个。所以 Zuny 希望能透过此概念提醒消费者生态环境，并倡导要爱护动物。优选环保合成皮革，简洁的曲线，遵循动物的外形设计，摒弃机械化大量生产，坚持由裁缝师傅依照动物手工精心制作而成。 让人充满无限想象空间，期望能让使用者在忙碌的当下忘掉烦恼和压力，为平凡的生活带来乐趣，这就是 Zuny 所希望的："Make your life funny and easy"（使你的生活简单而快乐）。让每一只 Zuny 饰品都呈现出细腻、人性化的独特生命质感。

产品特点 | FEATURES

Zuny 产品都完成设计后再由富有多年经验的裁缝师傅精心制造而成。在其母公司力大皮革有限公司的纯熟技术和的优良制作技巧的支持下，Zuny 商品的细致和美感为人称颂。Zuny 的产品承继了 30 年以上的智慧；在经年累月的技术磨练下，Zuny 的每一个商品都更臻完美。Zuny 共分为三大系列，每种系列都有书挡、镇纸、门挡、钥匙环等产品。

Zuny 系列：该系列书档全球限量 9999 只，腹部吊牌标记着专属名字与独一无二的 ID 号。 Zuny Classic 系列：最早也是最可爱的系列，颜色多采用黑、棕、褐等皮革色系。 Zuny Cicci 系列：Cicci 在意大利语中是"胖乎乎的"的意思，Cicci 系列也正是可爱圆胖型。

展厅代理 | AGENT

www.zuny.info

It is a year for those who are
diligent. Be patient. Good days
are just on the way.
Life
FINEST
züny

closer

züny
get closer
BROOKLYN'S
HOUSEHOLD
COUNTRY
DECOR

züny
g
R

Le sac
en papier merci
Ce sac est fabriqué
à partir de paper recyclé
100%naturel
double épaisseur 180g/m²
kraft blane doublé
de kraft brun.
Contenance:13 litre
100% Ecographik
Ne le jetez pas.
conpeut servir plus
FINEST
NO.2
NO.1

Carlo Moretti

品牌简介 | INTRODUCTION

Carlo Moretti 是著名的威尼斯姆兰诺玻璃品牌，由 Giovanni Moretti 创始于 1958 年。将姆兰诺玻璃岛上传承几百年的手工玻璃技艺与现代文化、极简设计风潮细致的糅合在一起，形成 Carlo Moretti 独有的风格。它代表了玻璃领域的一种新型存在：联合经营，与其他玻璃厂主紧密合作，并对其产品冠名。

Moretti 兄弟成立的这家公司，公司在几十年的时间里已经赢得了国际市场的广泛关注——因为它独特的配方和极具现代化气息的意式设计。

Carlo Moretti 兼并了该岛上百家家族式（子承父业式）玻璃企业。

Carlo Moretti 玻璃生产中“美”和“真”的文化来源于对突破岛屿局限的巨大好奇心和对外界的关注。

主打产品 | PRODUCT

▲ Calici Collezione

▲ Asimmetrico

▲ Arco

▲ Lumino Lumina

▲ Singleflower

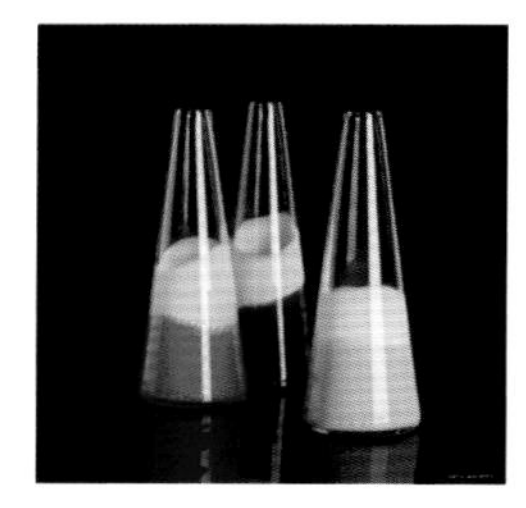

▲ Sabbie

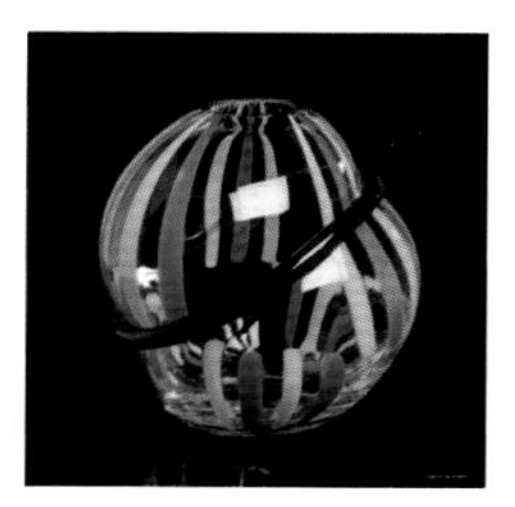

▲ Lion Amo Giant

▲ Le Diverse

设计理念 | DESIGN KEY POINTS

于 Carlo Moretti 而言，每天在各有专攻的两个不同个性领域有着连续的灵感碰撞：Carlo 专攻设计，他的兄弟 GIOVANNI 专攻新产品的构思并不断与其他玻璃大师交流工艺，崇尚美丽和精粹的文化，这种文化打破了岛屿局限的束缚。花瓶、酒杯和玻璃杯等流行商品均采用数量有限的姆拉诺玻璃制成。产品用嘴吹制，每一个都有独一无二的身份认证。这些越来越深受艺术收藏家追捧的产品还被收藏在全球最重要的一些博物馆中。

产品特点 | FEATURES

Carlo Moretti 是至今为止，所有 Murano 玻璃厂中，唯一仍坚持由自己生产吹制模具的厂家。所有模具是特殊木质的，要时刻保持一定的含水量，以免开裂损坏。所以工厂有专门的一层空间制作了喷淋系统，来储存这些模具。能制作出不同样式的模具也正被各工厂视为珍宝般的核心机密。

一件 Carlo Moretti 玻璃制品，都是先由人工吹制成型，后经外部修饰。延续了百年的手工技艺包括金色斑点玻璃工艺（avventurina）、切割多色片工艺（millefiori）、不透明奶状玻璃工艺（lattimo）和对比色分层工艺（sommerso），仅看最简单的打磨这一项工作，就有三道不同流水线。出厂前由人工雕刻上 Carlo Moretti 的 LOGO 及出厂年份。

展厅代理 | AGENT

www.carlomoretti.com

Arnolfo di Cambio

Arnolfo di Cambio

品牌简介 | INTRODUCTION

Arnolfo di Cambio 于 1963 年在托斯卡纳中心的 Colle Val d'Elsa 创立。在 55 年中，该公司吸收了该镇著名的水晶工作的所有技能和传统，结合这些技术创新和与艺术和技术设计师的合作。有名的公司的设计师 Ettore Sottsass、Enzo Mari、Marco Zanuso、Cini Boeri 以及与年轻人新兴人才合作。 Arnolfo di Cambio 现在是国际知名的品牌，已经赢得了很多奖项，成为意大利领先的玻璃制造商之一。

主打产品 | PRODUCT

▲ Smoke - 250081

▲ Laetitia

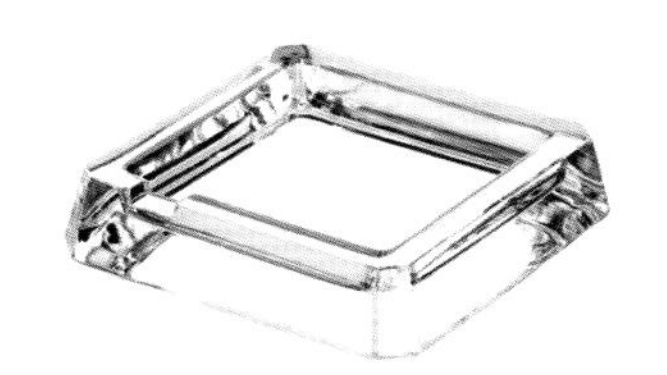

▲ Cibi - 031001

▲ Orfeo - 0Q0081

▲ Cibi - 030501

▲ Cibi - 031091

▲ Cibi Black - 03B101

▲ Bolle

设计理念 | DESIGN KEY POINTS

作为水晶制造领域的领导者，随着最新技术的研究和独特风格的发展，Arnolfo di Cambio 把功能与美学、材料与创意结合起来水晶之美，以纯粹的形式增强文化。每件作品的独特性使其更具功能性和易用性，产品形式严密性。

Arnolfo di Cambio 系列产品中的一些产品可以使用激光技术定制您的标志或信息。

产品特点 | FEATURES

为传统形状的爱好者设计的多功能系列，精美的水晶切割、经典的雕刻，以及那些简单而又简洁的造型，都适合为日常生活带来一丝风情和优雅。

展厅代理 | AGENT

www.carlomoretti.com

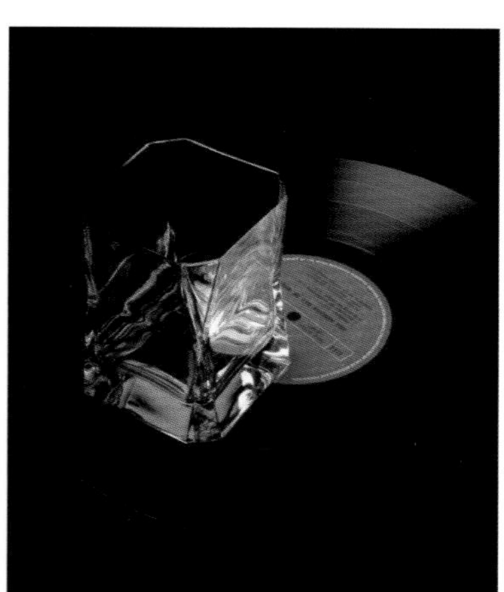

H&M HOME

品牌简介 | INTRODUCTION

H&M HOME 于 1947 年由 Erling Persson 在瑞典创立。如今，H&M 在全世界有 1500 多个专卖店销售服装、配饰与化妆品、家居用品。其中 H&M HOME 是 H&M 旗下新开发的时尚精品家居店，当前已经在成都、北京等城市开店。H&M 毕竟是做时尚出身，H&M HOME 融入更多的时尚元素，而且给多一份温馨的感觉，同时不乏一些奢华感的家居单品，但是价钱不会很贵。在每个季节，或是在季节交替之际，H&M HOME 都会推出应季的新款靠垫及代表着当季风格的餐具，而这些产品均由 H&M 家居部门的设计总监 Evelina Kravaev 和她的团队共同设计；除了普通家居饰品之外，H&M HOME 还推出了针对儿童的充满童趣的家居用品，可爱的小动物形象被装点于各类单品之上，幽默感十足。

主打产品 | PRODUCT

▲ Wave point tablecloth

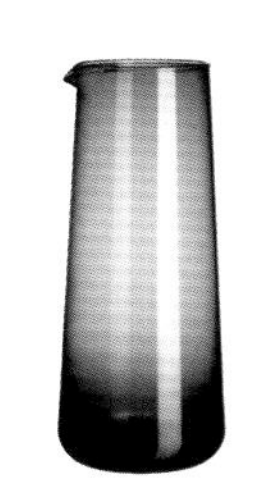

▲ Glass sobering bottle

▲ Porcelain bowl

▲ Pleating pillowcase

▲ Metal candle holder

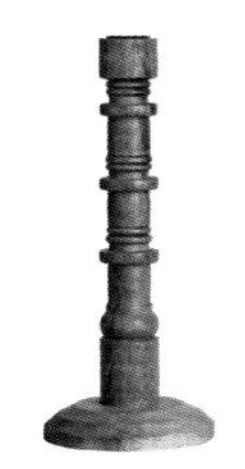

▲ Wooden candle holder

▲ Leep pattern quiltcover

▲ Patterned porcelain plate

设计理念 | DESIGN KEY POINTS

H&M HOME 更注重打造时尚家居的软装，刚开始销售的产品主要是家纺类，现在销售的产品已经扩展到金属类以及玻璃类。H&M HOME 没有涉足家具类产品，这是 H&M 在现有客户群基础上进行针对性开发的。通过比较还是可以看得出，H&M 和宜家在家居产品上的风格还是有很大区别的。H&M HOME 与同为快时尚的世界级品牌 ZARA HOME 相比，各有特色，前都的北欧风格更浓郁，后者则更现代。H&M HOME 以家居布艺产品为主，色彩大胆艳丽，赢得诸多年轻人的青睐。

产品特点 | FEATURES

H&M HOME 于近期推出了全新 2017 家居系列，该系列单品主打休闲度假风格，材质上采用亲肤的棉麻及自然环保的木质，加入条纹、印花、刺绣和流苏等一系列经典设计细节，高级灰和自然色调的家居新品让素雅和温和的气息扑面而来！自然简约的家居风格让你在平日工作急速的步伐放慢脚步，感受都市慢活风格。

展厅代理 | AGENT

H&M HOME 家居系列首批发售门店

上海

地址：H&M HOME 南京西路店 上海市黄浦区南京西路 881 号

北京

地址：H&M HOME 悠唐广场店 北京市朝阳区三丰北里 2 号楼

苏州

地址：H&M HOME 观前街店 江苏省苏州市沧浪区观前街

成都

地址：H&M IFS 国金中心店 四川省成都市锦江区红星路步行街

www.hm.com/gb/department/HOME

Sambonet

sambonet

品牌简介 | INTRODUCTION

1938 年，Sambonet 成为全球第一家生产不锈钢餐具的公司，首创运用在不锈钢上的特殊镀银技术，一直被视为顶级餐具品牌，并于 1947 年利用相关技术生产不锈钢刀具。百年品牌 Sambonet 源自于意大利北部的维切利 (Vercelli)，18 世纪初， Giuseppe Sambonet 受当地天主教堂委托修复堂内的神圣物件后，即展开其卓越的餐具制造生涯，至今以兼具设计与高度实用性的产品成为全球餐具品牌的领导者。Sambonet 的不锈钢硬度佳、导热快速、容易保养、不易腐蚀，经久耐用。商品向来充满生命力与时尚品位，设计与功能兼具是品牌最高原则。

主打产品 | PRODUCT

▲ Bread plate

▲ Candelabra 3 Lights

▲ Cylindrical Saucepot With Lid

▲ Flatware Set
72 Pcs h.h. orfèvre

▲ Frame Clock

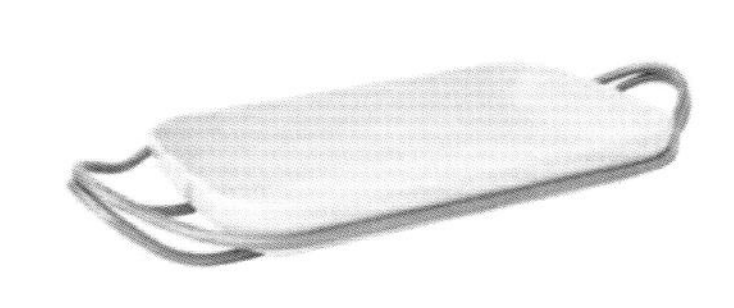

▲ Holder With Rectangular Dish

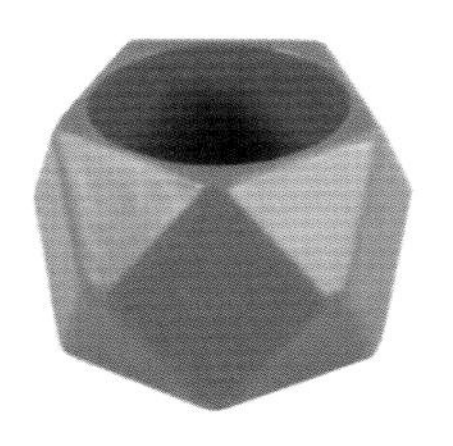

▲ Napkin Holder

▲ Octagon

设计理念 | DESIGN KEY POINTS

Sambonet 将“合理设计和便捷使用相结合”的理念运用到餐具生产。还有餐桌、厨房和生活空间。 PVD 专用饰面，独特的装饰物品和丰富设计的高性能烹饪工具的建议，常见的线索始终是传统与创新的交汇点。

产品特点 | FEATURES

整套刀具共 6 款，设计精美，而且皆是用不锈钢制造，不易生锈，相当好保养。Sambonet 刀具使用的是 3CR13 不锈钢，不同于 304 与 316 不锈钢，3CR13 不锈钢少了镍而且硬度高，具绝佳抗腐蚀性，等同于 420 不锈钢。Sambonet 刀具把手黑色部分为类橡胶材质的 TPR (热塑性橡胶)，是一种环保、无毒安全的材料，生产过程无污染危害，对环境和人类皆无伤害。Sambonet 刀具把手以防滑弹性握把为设计重心，兼具外形流线美观，功能上提高使用的便利流畅性。Sambonet 刀具组符合德国食品与日用品法 (LFGB) 针对橡胶制品高规格的质量要求，使用上绝对安心。Sambonet 对旗下产品严格把关，因此其产品具有十年保修。

展厅代理 | AGENT

www.sambonet.it

卢臣泰（Rosenthal）

品牌简介 | INTRODUCTION

卢臣泰 (Rosenthal) 品牌于 1891 年开始自行生产白瓷器皿，1910 年，Rosenthal 正式成立艺术部门，并从实用性的餐具设计延伸至具有收藏价值与装饰性的礼品设计。卢臣泰系由菲利普·卢臣泰爵士于公元 1879 年在德国巴伐利亚邦所创建，并将公司设在塞尔布，这个德国小镇在日后快速发展成欧洲陶瓷及水晶工业中心。卢臣泰由一流设计师的卓越创作，可以传达“当代艺术文化的理念与精髓”，卢臣泰自此与无数国际知名设计师缔约，创作兼具未来前瞻性与历史传统性的高级餐具。

卢臣泰产品分为 Rosenthal 系列、Rosenthal studio-linie（精品）系列、Rosenthal classic（古典）系列。

主打产品 | PRODUCT

▲ 4 Piece Place Setting
Ocean Blue　Junto

▲ 5 Piece Place Setting
TAC Palazzo

▲ A La Carte Origami

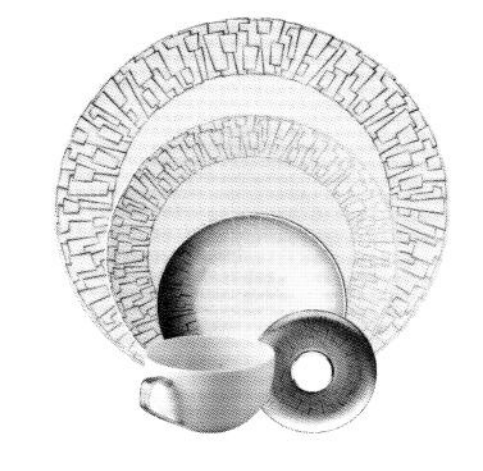

▲ Place Setting
TAC 02 Skin Gold

▲ Tea Pot

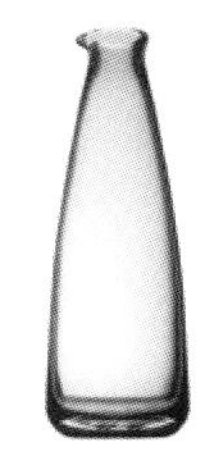

▲ TAC O2 Bottle

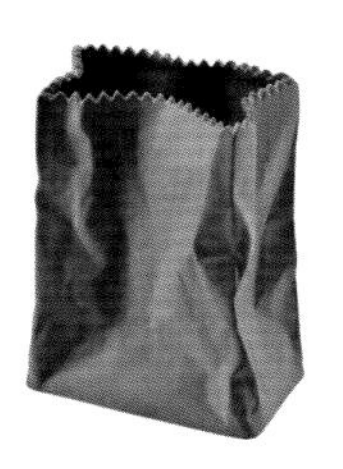

▲ Paper Bag Vase

▲ Phases Mug

设计理念 | DESIGN KEY POINTS

卢臣泰在与世界各地顶级艺术家和设计师们的密切合作中不断走向完善，现已成为餐桌艺术、室内装潢和礼品领域的佼佼者，由它精心设计的餐桌、家具和礼品如今远销全球 97 个国家。目前，公司与 150 多位艺术家、设计师和建筑师合作，其中包括著名的包豪斯建筑学派创始人沃尔特格罗佩斯、卢吉·科拉尼，英国最简主义设计师杰斯帕·莫里森、保罗伍德里西等，为卢臣泰创作了各种新颖、独特、具有先锋派风格的作品，400 多项设计奖项及世界各大著名博物馆不计其数的收藏都证明了卢臣泰公司的先驱角色。

产品特点 | FEATURES

Rosenthal Classic 系列是古典现代主义和传统主义优雅相结合的新创造，每个单件的图案都由手工制作，雕刻、饰物也为手绘，代表了餐具的顶尖标准。德国百年餐瓷名牌卢臣泰，运用寓艺术于生活的高超手法一直受到重视生活品位人士的喜爱，风格多样化的商品系列使得卢臣泰的魅力多角度扩散。难以用单一风格定位的卢臣泰，近年来积极与各个艺术设计领域的精英大师合作，碰撞出夺目的火花。卢臣泰拥有百年以上的历史，每个单件的作品都经历了严格缜密的工序，制模和着色均是手工完成。西餐具、酒具以及礼品系列都是最能体现餐桌文化领域最高水准的系列。

展厅代理 | AGENT

www.rosenthal.de

WATERFORD

WATERFORD

品牌简介 | INTRODUCTION

拥有200多年悠久历史的WATERFORD品牌于1783年由宾洛兹(Penrose)家族创立，WATERFORD品牌名称是以9世纪在爱尔兰所建立的爱尔兰古城WATERFORD所命名。当时宾洛兹家族特别从英国聘请了当代最有名的水晶工匠——约翰 · 希尔（John Hill），其产品以精湛的工艺切割技术受到英国国王乔治三世的青睐，使WATERFORD成为全欧洲贵族喜爱的水晶品牌，为爱尔兰水晶写下辉煌的成就。色彩的纯度，设计灵感代表着最高的质量水平。

主打产品 | PRODUCT

▲ Aras Grey
5-Piece Place Setting

▲ Elegance Accent Decanter

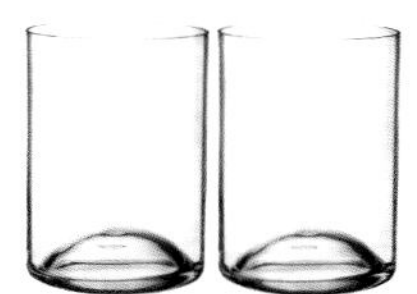

▲ Elegance
Double Old Fashioned, Pair

▲ Elegance
Optic Belle Coupe, Pair

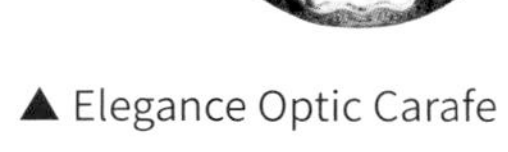

▲ Elegance Optic Carafe

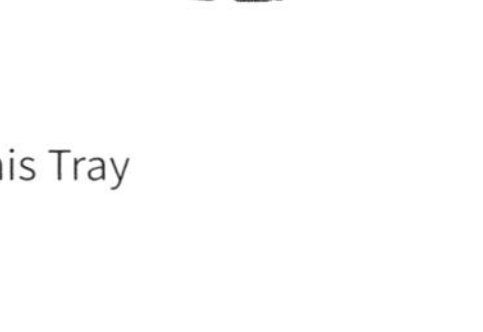

▲ Enis Tray

▲ Lismore Reflection
With Gold Band 8in Vase

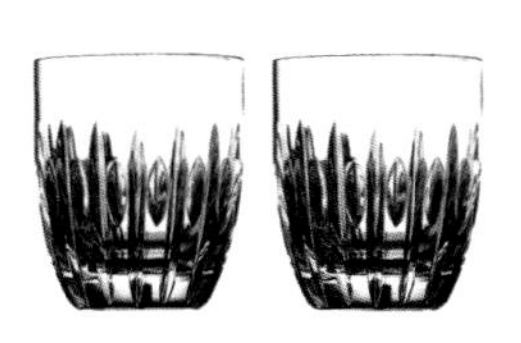

▲ Mara Tumbler, Pair

设计理念 | DESIGN KEY POINTS

WATERFORD水晶设计工作室是沃特福德水晶梦想、想法和灵感的孵化器。 设计师花了多年的时间学习传统工艺，并且在晶体制造过程积累了丰富的经验。 设计师凭借想象力和艺术眼光，在水晶中捕捉到令人兴奋的新主题和创意的精神，为全球观众的当代品位更新重新设计经典的沃特福德模式。WATERFORD在过去几年已经开始与时尚和奢侈品生活领域的著名设计师建立了合作关系，创造出一系列独特的餐饮和家居装饰原件，诸如John Rocha、Jasper Conran和Marc Jacobs等。

产品特点 | FEATURES

沿袭18世纪流传下来的工艺技术，大胆精致的雕刻切工，让WATERFORD水晶散发晶莹剔透、极致璀璨光芒。WATERFORD三大坚持理念：传统工艺的传承、惊艳不凡的设计、最佳质量的坚持。WATERFORD是今天仍然实行模具制作的古老工艺的少数几家公司之一。 它的工艺几个世纪以来几乎没有什么变化：使用木模和山毛榉木和梨木手工工具来塑造熔融的水晶。 由于晶体的热量，这些模具寿命只有7~10天。切割之前，每件作品都标有一个临时的几何网格，以协助主切割器将图案转印到水晶上。 水平和垂直指南的几何网格是使用一个标记在每个作品上绘制，最终将在清理过程中移除。

展厅代理 | AGENT

WATERFORD WEDGWOOD(恒隆旗舰店)
地址：上海市南京西路1266号恒隆广场4层410A座
www.waterford.com

AUTUMN
ACCENTS
SHOP NOW ▸

LEONARDO

品牌简介 | INTRODUCTION

Glaskoch 家族企业成立于 1859 年，是当今欧洲的玻璃供应商之一，距今已有 150 多年的历史。时至今日，Oliver Kleine 夫妇已经是 Glaskoch 的第五代传人。Glaskoch 旗下的著名品牌 LEONARDO，建立于 1972 年，向人们传达了意大利人的生活品位，并在德国甚至欧洲市场中享有很高的声誉和市场占有率。

主打产品 | PRODUCT

▲ Acorn 11 Crys.
W.Deco Castagna

▲ Bowl 25 With Metal Cap Black

▲ Bowl 31 Farfalla

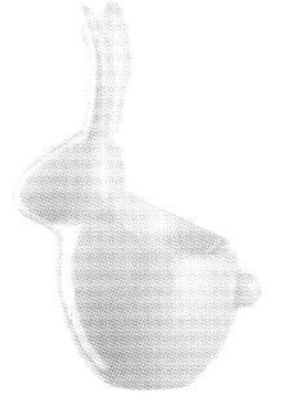

▲ Box-Egg Holder Speedy

▲ Espresso Rubino Met. Loop

▲ Hurricane Lamp
O.F. 25 Giardino

▲ Placemat 35x48 Grey

▲ Solifleur Vase 32 Giardino

设计理念 | DESIGN KEY POINTS

LEONARDO 与世界著名设计师合作设计出许多新产品，获得了红点奖、IF 等国际设计大奖。LEONARDO 是一种理念，代表着生活的设计和喜悦。这就是 LEONARDO 用玻璃激发灵感，用心灵创造非凡的收藏。 每一个新的发展、质量、创新和设计都紧密相连。 LEONARDO 提供最新的技术和质量承诺及广泛多样的产品系列和概念。 这些努力让该品牌获得了丰富的设计奖项。 每一个新的发展，使玻璃一次又一次地焕发生机。这就是 LEONARDO 与知名设计师合作的原因。 每个产品都有自己的灵魂，体现了品牌理念，并将其推向了外部。

产品特点 | FEATURES

LEONARDO 的高脚杯特别优雅，并且得益于 TEQTON 品质，即使经过大量的漂洗循环之后，仍然具有防震、安全和清晰的特点。LEONARDO 的目标是永久性地为材料玻璃寻找新的工具，并将其转化为创新的产品创意。产品系列时尚绚丽的 LEONARDO, 却坚持以纯手工吹制的方式制作玻璃制品。手工吹制的玻璃，多变的颜色是在玻璃原料中添加天然氧化金属而成，不经过二次喷彩染色，杜绝了污染，并通过权威机构 SGS 认证。

展厅代理 | AGENT

德国 LEONARDO 中国代表处
地址：上海市徐汇区中山西路 2025 号 2117 室（永升大厦）

www.leonardo.de

GARDECO

GARDECO

品牌简介 | INTRODUCTION

GARDECO 被认为是代表艺术家和工匠的艺术出版商或编辑。 这就是艺术的新思路与高端装饰相匹配的地方。 GARDECO 成功故事值得人们关注，作为一名买家，您将会欣赏到这一点。 GARDECO 的目标是为广大公众带来价格合理的艺术品。

GARDECO 代表提倡削减艺术。其产品由优质材料制成，如陶瓷、青铜和玻璃。 它们是由当地工匠创造出来的，真实的人们通过他们的技艺来表达对地球的感受和尊重。 对他们来说，感受非常重要。

主打产品 | PRODUCT

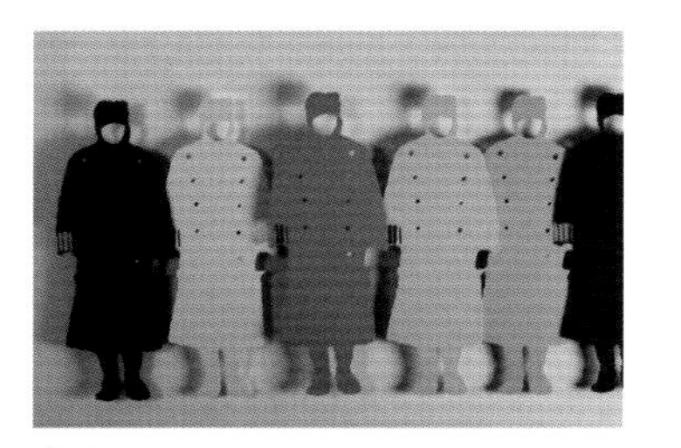

▲ Aart

▲ Cores Da Terra

▲ Mushrooms

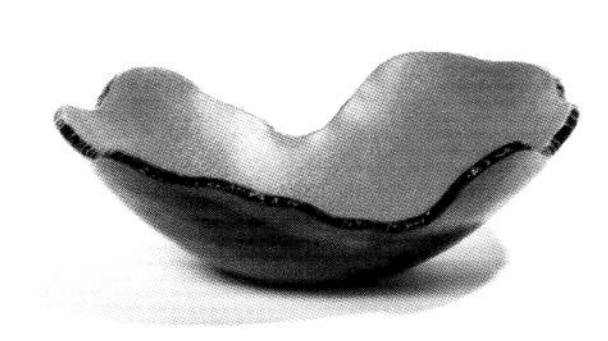

▲ Regina Medeiros

▲ The Muses

▲ The Visitor

▲ Wall Panels

▲ Window-1024x683

设计理念 | DESIGN KEY POINTS

这些精美的玻璃是巴西艺术家里贾纳 • 梅代洛斯（Regina Medeiros）的作品。 多年来，她掌握了玻璃铸造和绘画技术，并引入了当地氧化物和金成分，在玻璃件上创造独特的效果。 所有这些惊人的手工制作的作品展示了里贾纳和她工作室惊人的技能。

DARIUS & SURI 这个系列是 GARDECO 和一些非常有创造力的艺术家之间紧密合作的结果。 他们创造了原创的艺术作品，保证了室内和室外的高雅和美感。 卓越的承诺和工作导致风格和灵感的多样化，能够应对最多样的审美要求。

产品特点 | FEATURES

Cores Da Terra 代表“地球的颜色”。 陶瓷都是用天然颜料手工制作的，每件都是独一无二的。 GARDECO 因为发展和教育当地工匠而闻名，并为巴西最贫困地区之一的经济和文化发展作出贡献。The Muses 受希腊神话的启发。 他们是记忆女神莫内斯和宙斯莫尼的女儿，并且是诗歌和音乐之神阿波罗教的。 缪斯通过记忆和即兴的歌曲和舞台、写作、传统的音乐和舞蹈，体现了艺术，用他们的美丽来激发创作。

展厅代理 | AGENT

www.gardeco.eu

SKULTUNA

品牌简介 | INTRODUCTION

SKULTUNA 成立于 1607 年，由瑞典国王卡尔九世（King Karl IX）作为黄铜铸造厂下令建造。今天，SKULTUNA 是世界上最古老的公司之一，它仍然是瑞典皇家法院的承办商。

400 多年来，SKULTUNA 已经生产出了日常使用和特殊场合的高质量金属物品产品。始终拥有同样的质量、功能和设计感，可以说今天 SKULTUNA 创造了明天的古董。今天，SKULTUNA 产品可以在世界各地的知名百货商店中找到，而 SKULTUNA 已经在国际设计大奖中获得多项国际设计大奖，包括米兰 Salone Mobile、巴黎 Maison & Objet 和斯德哥尔摩家具展。

主打产品 | PRODUCT

▲ The Factory - Civitavecchia

▲ Trivet Dew

▲ Boule Vase, Extra Small, Silver

▲ Candle Holder Celestial

▲ Guardian Angel, Large

▲ Advent Nattlight

▲ Candlestick The Lily, Silver

▲ Candle Holder
Kin, Set Of 5Pcs, Glass

设计理念 | DESIGN KEY POINTS

来自瑞典的 SKULTUNA 是一家已经有 400 多年历史的国办黄铜厂，也是传说中的“皇冠企业”，SKULTUNA 一直致力于招揽北欧甚至欧洲当下具有代表性的现代设计师，将北欧风格的简约、传统工艺的极致与家居生活品的实用性结合，打造出在任何年代都具有现代感的黄铜装饰产品。SKULTUNA 有两条产品线，由 GamFratesi、Lara Bohinc、Luca Nichetto、MonicaFörster、Richard Hutten 和 Claesson Koivisto Rune 等知名国际设计师设计的家居饰品系列，SKULTUNA 也有流行的时尚配饰系列。

产品特点 | FEATURES

Nattlight 系列烛台由有着国际声誉的荷兰设计师 Richard Hutten 设计，该系列烛台采用抛光黄铜打造，造型简单、优雅。单个使用简约耐看，组合使用错落有致。这款书立由珠宝设计师 Lara Bohinc 为 Skultuna 设计，她以日本旅行为灵感设计了书立上的月形镂空纹路，线条感与黄铜的色泽让最终成品依然非常具有北欧风格，同时黄铜材质的坚韧度也提高了书立的承重量。设计师 Monica Förster 同样使用金属旋压的方法，以最传统常见的红砖花盆为灵感设计了系列黄铜花盆，造型经典。

展厅代理 | AGENT

www.skultuna.com

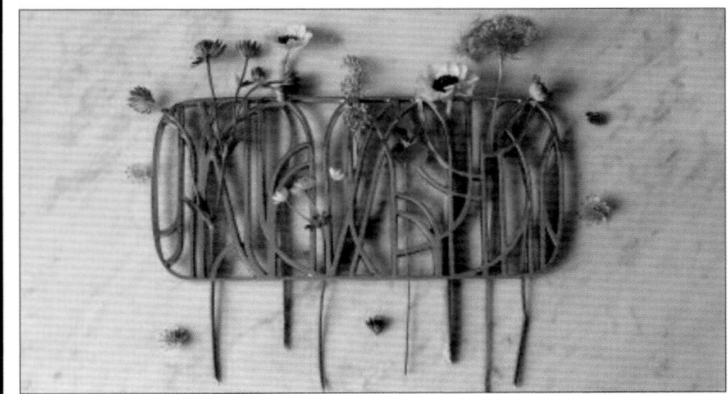

Moser

品牌简介 | INTRODUCTION

Moser 是世界知名的奢侈酒具和餐桌配件及装饰用品生产商，于 1857 年由杰出的雕刻师和商人路德维希·莫泽（Ludwig Moser）创立于卡罗维发利（Karlovy Vary）。豪华的 Moser 水晶由于它的美丽和独特性，在国王的宫殿和政治家、政府的豪宅和政府办公场所中被使用了 150 多年。Moser 也深受名流的欢迎，以奢华的生活方式引领潮流。各种原色和带有独特颜色的花瓶、桌上盘类摆饰、烟缸、梳妆用品和其他商品，这些创作了设计制造者的非凡能力。纵观 Moser 的历史，仅生产最高品质的手工工艺品。每一件水晶制品，都由制造者的人工吹制，经过无数富有经验的双手制作而成，每一次的触摸都能给那些死寂的材料带来人类智慧和传统的闪闪光芒。

主打产品 | PRODUCT

▲ Blues 3210, Hand Cut Vase

▲ Crystal Montana Vase

▲ Drinking Set Paula 7000

▲ Globe 2346, Hand Cut And Engraved Vase Motif Fish

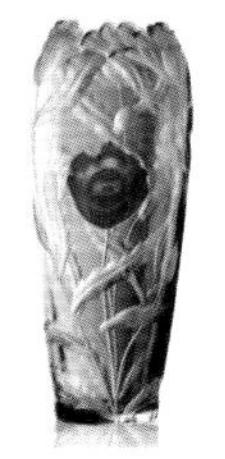
▲ Hand Cut And Engraved Underlay Vase With A Fusion

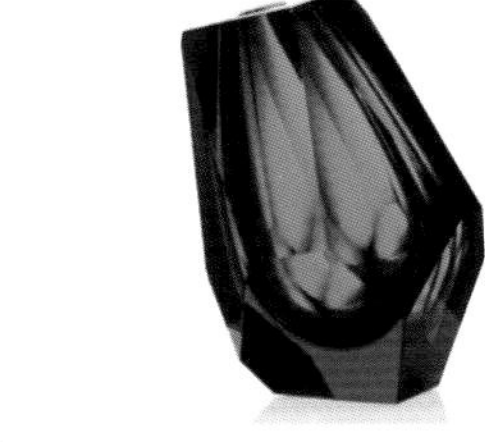
▲ Pear 3196, Hand Cut Vase

▲ Straight 3226, Hand Cut Overlay Underlay Vases

▲ Towers 3229, Hand Cut And Gilded 2 Parts Vase

设计理念 | DESIGN KEY POINTS

Moser 工厂建立于创办者的盛名和传统之上。自 1857 年成立以来，Moser 公司招揽了一群具备典型特征的个人艺术风格的人才。Moser 展示的是丰富、充满创造和顶级品质的成品。Moser 视创造为种无穷尽的过程，在此过程中一直搜寻着在玻璃上描绘的方式。因此从公司创业开始，Moser 一直和顶级的艺术家和设计家合作。Moser 从捷克和国外的艺术家中寻找和发现新的灵感，并同他们一起建立一条通往技术和艺术完美结合之路。

产品特点 | FEATURES

每个 Moser 产品都需要工匠手工花几个小时制作。手工艺的秘诀是从旧的工匠一代流传到较年轻的一代。成为一名大师需要多年的努力。Moser 生产独特颜色的秘诀在于将贵重土壤和金属氧化物的最高品质的原材料融合在一起。从始创之时起，Moser 工厂就已形成一原则，坚持生产制作和铅制水晶一样剔透、岩石一样坚硬的水晶，而不使用铅。这种合成物非常适合于绝妙的雕刻，同时比铅制水晶更环保。Moser 水晶属于钾钙玻璃，制作的原材料主要是硅石、碳酸钾、苏打、其他的化学物质和回收的玻璃。精确的配方决定了它的硬度、光泽度及色彩。

展厅代理 | AGENT

上海香港广场精品店
地址：上海市淮海中路 283 号香港广场南座 SL2-15 室
Moser 水晶上海太古汇旗舰店
地址：上海市静安区南京西路 703 号

www.moser-glass.com/en

ALESSI

ALESSI

品牌简介 | INTRODUCTION

ALESSI 是全球首屈一指的家用品领导品牌，是工艺、美学与品位的代名词。创办人 Giovanni Alessi 出身工艺世家，于 1921 年在意大利北方 Omegna 的奥尔塔湖畔成立了 ALESSI 公司。ALESSI 是知名家用品设计制造商，以“意大利风格设计的工厂”(Factories of Italian Design) 闻名全球，他们深信一切器物，即使外形再渺小，也都是创意和科技的伟大结晶，也许就是因为这份执著，让他们成为了工业设计界中的佼佼者。ALESSI 从纯铸造性的、机械性的工业转型成一个积极研究应用美术 (Applied Art) 的创作工场，这个转变渐进地持续了 80 年，ALESSI 闻名世界的手工抛光金属技艺及繁复的零件组合，直到今日，无人能及。

主打产品 | PRODUCT

▲ Anna G. Zamak Corkscrew
Alessandro Mendini

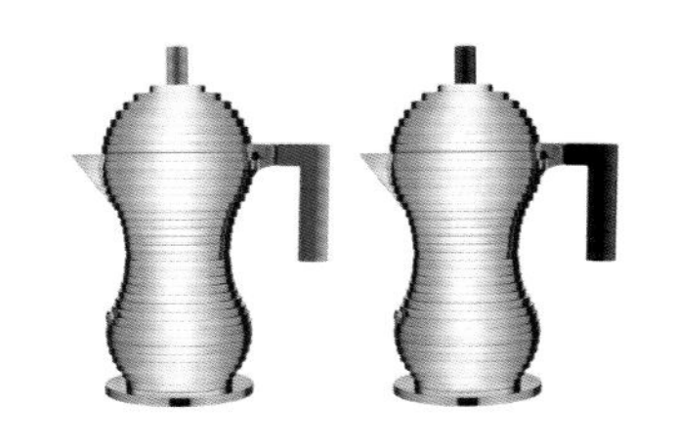

▲ Pulcina
Michele De Lucchi

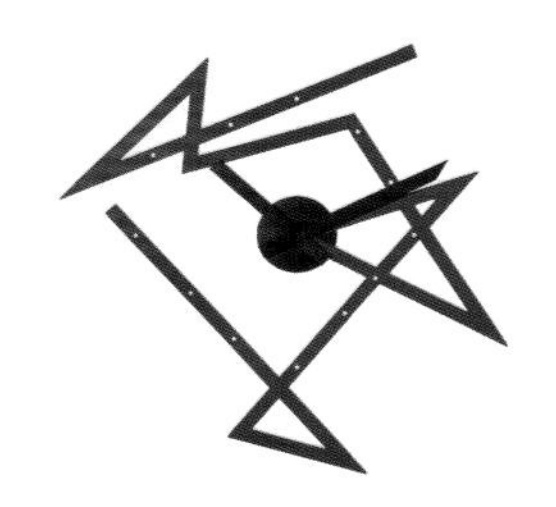

▲ Time Maze
Daniel Libeskind

▲ Juicy Salif
Philippe Starck

▲ La Stanza Dello Scirocco
Mario Trimarchi

▲ Barkcellar
Michel Boucquillon

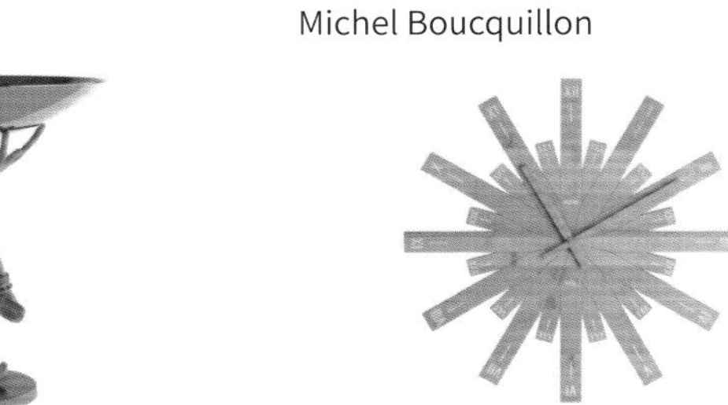

▲ Furbo
KINGS

▲ Raggiante
Michele De Lucchi

设计理念 | DESIGN KEY POINTS

ALESSI 秉持“创意 + 美学 + 工艺”的设计精神，设计出创新且颠覆传统的居家生活用品，蕴含了丰富的诗意、感性与幽默等内在力量。

使用者将 ALESSI 的设计产品置放于家中或办公室时，突显了自我风格，并同时享受 ALESSI 带来的趣味与便利生活，使用者的美学力与鉴赏力也在无形中提升。

打开 ALESSI 的历史，也等于是打开了现代美术的发展史，艺术家、建筑师、设计师都在 ALESSI 的工艺技术的帮助下，美梦成真。

产品特点 | FEATURES

从早期为皇室打造纯银宫廷用品，到生产普普风塑胶生活用品，ALESSI 跨越了世纪，记录着当代艺术的浓缩精华。ALESSI 就是以这样一个注重生活创意的态度， 设计出许许多多颠覆传统家庭用具的作品，每件产品的背后，都有诗意的感性体验与充满幽默的戏谑趣味。 当然，ALESSI 通过与众多杰出的设计师共同合作，激荡创意，创造出兼具美感与实用的居家生活用品，屡屡荣获国际设计大奖。它就抱走许多国际性比赛的设计大赏，甚至被罗浮宫或纽约现代博物馆指名典藏， 这全归功于 ALESSI 公司对自身品质、设计理念与意大利风格的执著。

展厅代理 | AGENT

专卖店

地址：上海市浦东新区张杨路 501 号八佰伴

地址：上海市南京西路 1618 号久光百货 (上海店)F3 层

10 Corso Como 中国首家概念店

地址：上海南京西路 1717 号会德丰国际广场北院

www.alessi.com/en

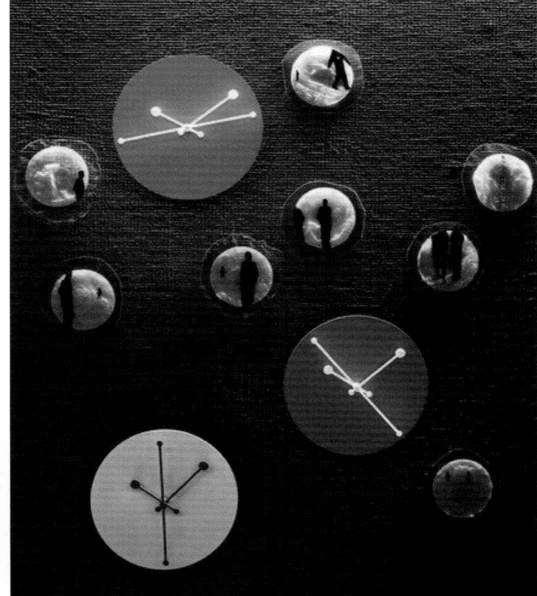

19

MARIO LUCA GIUSTI

MARIOLUCA GIUSTI
SYNTHETIC CRYSTAL

品牌简介 | INTRODUCTION

MARIO LUCA GIUSTI 出生在佛罗伦萨，生长在文化资源丰富的环境中，这一切激发着他对古老的热爱和对现代的痴迷。16 岁时，Giusti 到米兰，师从著名的设计师、意大利时尚推动者 Germana Marucelli 学习裁剪，通过这样的学习完善自己对美、对优雅的理解。完成学业回到家乡后，他将新的风格带入家族企业中并引领家族企业走向成功。2005 年，他创建了自己的同名公司 MARIO LUCA GIUSTI, 以实用、优雅的家居用品打开国内外市场。

主打产品 | PRODUCT

▲ Dolce Vita Water

▲ Palazzo

▲ Buddha

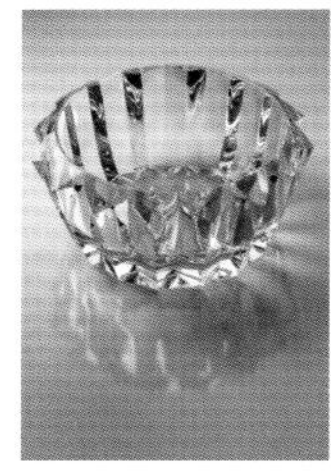

▲ Salad Bowls-Star

▲ Laura C.

▲ Mangia E Bevi

▲ Roberta

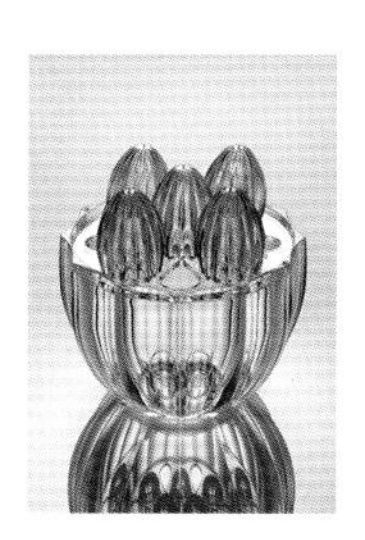

▲ Caterina

设计理念 | DESIGN KEY POINTS

MARIO LUCA GIUSTI 诞生后，先征服了意大利市场，再将市场扩大到外国，产品使用合成材料（从合成水晶到三聚氰胺）制成的，实用、优雅、水晶和玻璃外观的家居用品。 MARIO LUCA GIUSTI 产品采用融合和流行风格之间的风格，但总是与时俱进，是游泳池和超级游艇的最佳解决方案。

产品特点 | FEATURES

由 MARIO LUCA GIUSTI 亲自设计系列产品每年都会推出新款，增添了白色至黑色，透明至鲜艳色彩的造型奇特的物体和颜色。作品采用现代材料，每年都增加新产品，颜色也多种多样。

一些著名的酒店和公寓采取 MARIO LUCA GIUSTI 系列优秀的意大利设计产品，包括 JK 皇宫（卡普里和罗马）、波尔图 Ercolel（l Pellicano）、巴黎 Mama Shelter 和里昂亚特兰蒂斯俱乐部。

展厅代理 | AGENT

www.mariolucagiusti.it

稀奇艺术

品牌简介 | INTRODUCTION

由中国两位著名雕塑家向京和瞿广慈于 2010 年创立的艺术品牌——稀奇艺术（X+Q Art），以商业的方式推广当代艺术，备受瞩目。

内容涉及雕塑、配饰、设计产品等多个产品领域，其品牌理念已获得海内外的认可。稀奇的合作者中不乏精品酒店、时尚买手店、著名博物馆商店等各高端场所。在全球化的大环境下，艺术的合作早已跨越了国界和不同的艺术领域，艺术家通过商业合作，为艺术、人文、社会发展创造了更多的可能性，也给大众的文化生活注入了更多可供探寻的艺术灵感。

主打产品 | PRODUCT

▲好时光

▲我看到了幸福－献给莫奈

▲兔比比

▲仲夏

▲这个世界会好吗？

▲欢乐天使

▲致青春特别版

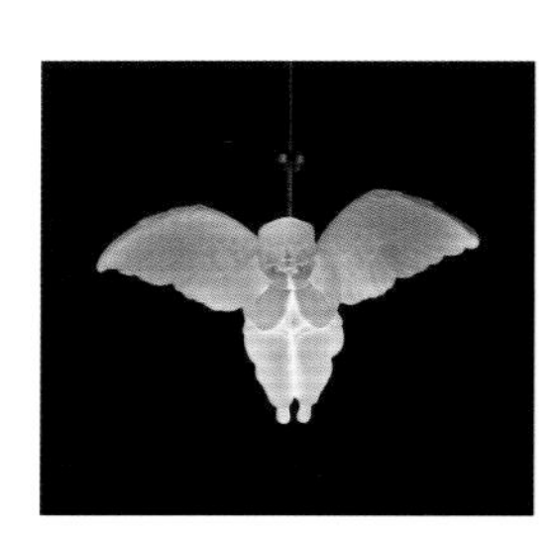

▲彩虹天使－骨瓷灯

设计理念 | DESIGN KEY POINTS

作为艺术礼物的制造商，稀奇希望给人们的日常生活带来前所未有惊喜的愿望。每一件稀奇产品都源自艺术家对其艺术原作的转化与再创作，并通过高品质的手工技术和精美的包装，实现艺术礼品的概念。“创作对我来说，是生的激情。”艺术家向京曾这样形容过创作对她的意义。以礼物的形式传递幸福、温暖和真挚的祝福是稀奇的品牌核心，它将产品所蕴含的中国当代艺术元素与全世界人共通的正面价值观产生联系，通过精致的造型、鲜艳的色彩与丰富多元的产品故事，与人内心最纯真美好的情感产生共鸣。

产品特点 | FEATURES

运用古典朴素的艺术手法创造自然形体，通过雕塑展现人性本真的雕塑家向京，备受当代艺术界瞩目，向京透过独特的视角与返璞归真的表现手法追溯人类本性的纯净。

艺术家的三个不同创作阶段“处女系列”、“身体系列”以及“全裸系列”来宣告了雕塑语言的日臻成熟。对雕塑语言的实验，以及在创作、布展时用空间和镜像等多重语言来映射，最终反射出艺术家在女性本体之外探讨超越“性别”，并用身体作为一个命题来说明某个群体和世界关系的探索。

展厅代理 | AGENT

上海太古汇店

地址：上海市静安区石门一路 288 号 L302 兴业太古汇

北京店

地址：北京市朝阳区建国门外大街 2 号

地址：北京银泰中心 in01 LG 层 B46

http://www.xiqiart.com/

十境

品牌简介 | INTRODUCTION

十境致力运用东方的哲学与智慧，营造一个完美的居家空间组合生活方式，以丰富、细腻的产品意蕴来满足了人们对于新奇、奢华与平常、朴素的多元需求，让人们发现日常生活之美，体验自然之乐。产品在满足功能性的同时也传递东方式的情感体验。

主打产品 | PRODUCT

▲白色陶瓷花器

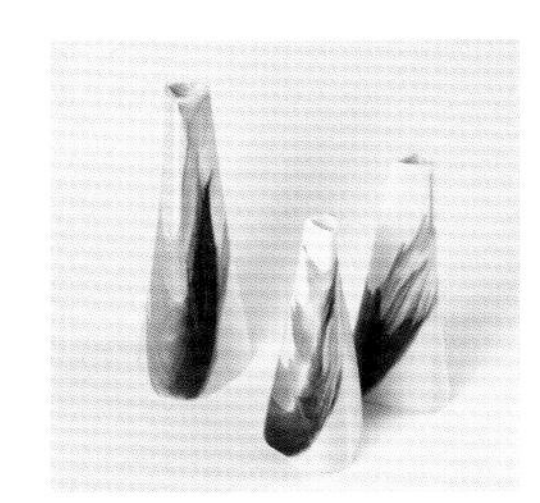

▲白色简约中式水墨陶瓷花器

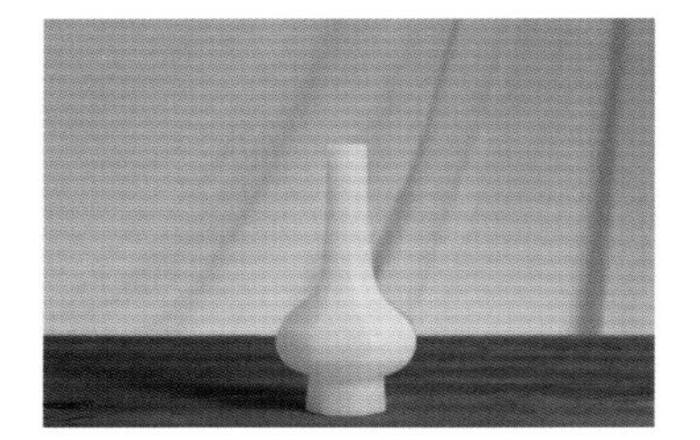

▲琉璃摆件

▲刻花磁州窑宽口瓶

▲日式迷你红木禅意小花瓶

▲做旧铜花器 杨桃形

▲波敞口小盏 建盏功夫茶杯茶碗

▲琉璃摆件

设计理念 | DESIGN KEY POINTS

十境一直在用情感带动产品，植入东方哲学与智慧，不断寻找传统手艺之美，并与国内外多位手艺人合作，改良或创作产品。追求空间陈列的多元性的同时让每一件陈列的产品都有温度，展现其制作者的心意，这是一种机械无法表现的素朴之美。

产品特点 | FEATURES

十境，希望把这种“观感”融入这个时代的人类生活，用产品自然之美，传达给民众，交融于生活。

这就是十境所思考的生活方式。

展厅代理 | AGENT

总店：

地址：深圳市罗湖区梅园路艺展中心 1 期 1C011-012

旗舰店

地址：深圳市罗湖区展艺路楼尚软装中心 251 铺

www.otlife.cn

品牌索引 | Brand Index

A

Armani

高端奢侈 Armani（阿玛尼）品牌家具，诞生于二十世纪八十年代中期的著名国际家具顶级品牌之一。Armani 自创立伊始即传承了贵族血统，以其独特风格越来越受时尚新贵的青睐，其在坚持简约理念的同时，务求在繁杂的都市生活中寻求自我和个性独立。

Arketipo

arketipo 公司起源于 20 世纪 80 年代，凭借对佛罗伦萨纺织制造质量的一腔热情创造出软垫家具，将高质量和对细节的关注以及充满活力的和永恒的形象相结合。在过去的几年里，它的主要目标是品牌强化和在高端市场的重新定位。

Alberta

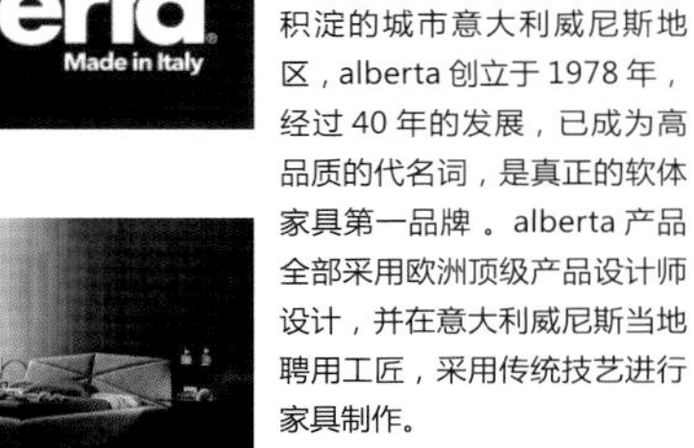

alberta 来自于拥有深厚历史积淀的城市意大利威尼斯地区，alberta 创立于 1978 年，经过 40 年的发展，已成为高品质的代名词，是真正的软体家具第一品牌。alberta 产品全部采用欧洲顶级产品设计师设计，并在意大利威尼斯当地聘用工匠，采用传统技艺进行家具制作。

Artemide

1960 年，意大利品牌家具公司 Artemide 成立，它融合了传统不断创新的设计风格，成为了有名的国际照明科技灯具生产商，在欧洲灯具行业中占着十分重要的地位。被称为灯王的意大利品牌 Artemide，品质与创意都是令人赞赏。极简主义的永恒之作，任何的赞美之词都无法贴切表达它的优秀。

AYNHOE PARK

AYNHOE PARK 是詹姆斯·帕金斯（James Perkins）的 17 世纪帕拉第家（PALLADIAN HOME）。这个房子是另一种内部世界的奇迹，他从世界各地收集了奇珍异宝。这所房子是一个充满艺术和好奇心的生动的博物馆，充满了无价和有趣的作品，全部都是由创始人詹姆斯·帕金斯在旅途中收购的。

Auskin

澳世家 1992 年诞生于澳大利亚黄金海岸，1997 年进入中国市场，以款式尊贵典雅、设计时尚、品位独特而著称，是世界知名的高档羊毛皮制品品牌。

Arnolfo di Cambio

Arnolfo di Cambio 于 1963 年在意大利成立，是意大利境内优秀的玻璃品牌之一，同时也是一个全球知名品牌。

ALESSI

ALESSI 是全球首屈一指的家用品领导品牌，是工艺、美学与品位的代名词。创办人 Giovanni Alessi 出身工艺世家，于 1921 年在意大利北方 Omegna 的奥尔塔湖畔成立了 ALESSI 公司。ALESSI 是知名家用品设计制造商，以“意大利风格设计的工厂”(Factories of Italian Design) 闻名全球，他们深信一切器物，即使外形

B

B&B Italia

B&B ITALIA 意大利家具品牌是世界公认的现代室内装饰领域的领导者。皮耶罗在 1966 年离开他的家族企业，创办了自己的家具公司。piero 的创业思想打动了著名家具品牌 Cassina 的高层领导，他们合作成立了意大利 C&B 公司。1973 年布斯奈丽成功收购了 C&B 公司的全部股份，公司正式改名为意大利 B&B ITALIA 公司。

BENTLEY

BENTLEY 将其品牌理念、风格转化、融入住宅或办公室中。从 1931 年至今，BENTLEY 车内饰一直在英国克鲁郡由经验丰富的工匠手工制作。皮质部分缝制工时超过 150 小时，仅方向盘蒙皮就需要一个熟练工花 15 小时来缝制。BENTLEY HOME 所有产品均延续了 BENTLEY 汽车的工艺要求，品质同等精湛，每一个细节都臻于完美。

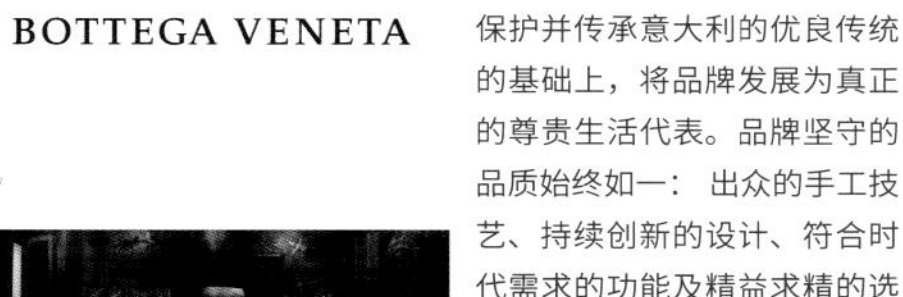

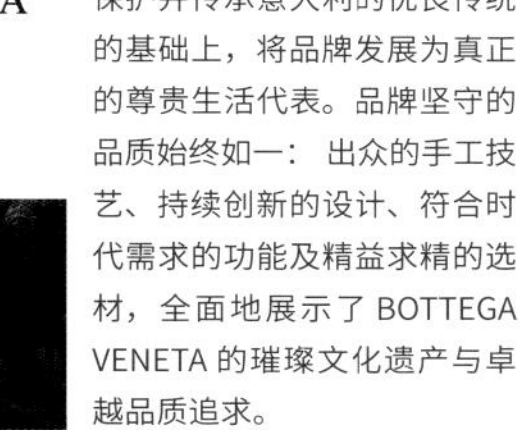

Bottega Veneta

BOTTEGA VENETA 致力于在保护并传承意大利的优良传统的基础上，将品牌发展为真正的尊贵生活代表。品牌坚守的品质始终如一：出众的手工技艺、持续创新的设计、符合时代需求的功能及精益求精的选材，全面地展示了 BOTTEGA VENETA 的璀璨文化遗产与卓越品质追求。

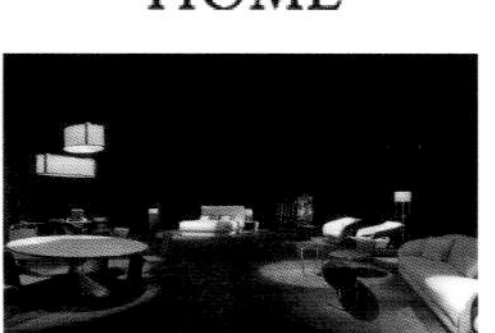

BUGATTI HOMI

BUGATTL HOME 系列秉承 BUGATTL 家族自 20 世纪初以来的美学传统，将其优雅和卓越的气质完美融入家居生活方式。UGATTL HOME 拥有独特、奢华和优雅的现代感，将传统和创新完美平衡，是精致设计与非凡技艺结合的典范。

Busnelli

Busnelli 生产座椅已经有半个世纪的历史，产品造型新颖、经久耐用，多功能的构造推动了设计史的发展。Busnelli 一直是同行业的领跑者，采用的是现有技术领域最好的资源，通过学研中心与建筑师、设计师及专业供应商的合作，Busnelli 能够预期未来的技术解决方案。

Baker

被誉为"奢侈家具之王"的美国家具品牌 Baker 一直被视为优质设计及卓越品质的保证。传统与现代的交织融合让 Baker 家具散发出无穷的魅力，凝固住黄金时代的华美风华，也带来惊喜不断的奇巧新意。作为国际奢华品牌的代表，Baker 在跨越世纪的漫长岁月中，以令人惊叹的恒久品质闻名于世。

Baxter

以英式古典风格起家的意大利知名家具品牌 Baxter，创立于 1989 年，精工细做的每一件产品中都渗透出超越平凡的真谛。将细节与个性化设计完美融合，采用传统的手工制作工艺，制造出一件件颇具艺术气息、经得起时间考验的高品质家具产品。

BOCA DO LOBO

BOCA DO LOBO 来自葡萄牙知名的设计公司 BRABBU，他们的每一件家具都带有极强的装饰效果，是典型的 Art Deco 新设计风格。BOCA DO LOBO 是一个将家具做成 Art Deco 艺术作品的品牌，其家具都由葡萄牙的工匠倾心打造而成。

BRUNO MOINARD

提及 BRUNO MOINARD，有四枚标签一定是不得不提的：一是他为法国前总统密特朗设计爱丽舍宫；二是被众多奢侈品牌和时尚人士追捧，比如卡地亚、再比如老佛爷 Karl Lagerfeld；第三就是他创造了风靡设计圈的"铜色概念"；当然还有赢得了多个餐饮界"第一"的 Le Relais Plaza 餐厅。

BROKIS

BROKIS 的总部设在捷克共和国，起源自 1809 年，为许多灯具生产灯罩和灯具配件的 Janstejn 玻璃工坊，以生产高规格的波西米亚玻璃而闻名。1997 年起，创办人 Rabell 继而成立了 BROKIS 灯具品牌，将生命奉献给生产精致的照明产品。

BLAINEY NORTH

BLAINEY NORTH 是一个室内工作室，专门从事复杂的定制项目。真正的豪华设计需要精确的触摸和对细节的精心关注。BLAINEY NORTH 聘请了一大批极具天赋的建筑师、室内设计师、平面设计师和产品设计师，确保即使是最小的细节也能得到应有的关注。

BRABBU

BRABBU 是一个新古典新时尚的设计品牌，反映了一种充满力量和竞争的都市生活，设计和生产各种各样的灯具、地毯、艺术和配件，通过产品的材料、质地、气味等产品的内在属性向人们阐述关于自然和世界的故事。

Barovier&Toso

意大利 Barovier&Toso 公司以生产由陶瓷与玻璃制成的吊灯而闻名于世。Barovier&Toso 也是历史悠久的工厂，凭借这一点工厂被收入了吉尼斯世界纪录。公司生产威尼斯玻璃制品已经有将近 100 年的历史了，生产工艺代代相传，今天掌握生产这种制品技术的工匠不超过 20 人。

BERGDALA

BERGDALA 的工匠及设计者都是资深的水晶大师，他们对水晶有着狂热的爱，使得 BERGDALA 如此与众不同。工匠大师们在千余度的炉火旁，以百年来延续的纯正古老手工技法，精雕细琢每一件作品，艺术的一脉相承与水晶的熠熠生辉在这里繁衍生息，源远流长。

品牌索引 | Brand Index

C

Chi WING LO

意大利家具 CHI WING LO 是以建筑师卢志荣的名字命名的品牌，这个品牌的家具是在他的严格指导监督下，在意大利进行设计和制作，他在设计上独特的追求、在工艺上对细节的把控，及在材料选用的创新，为家具创造了新的标准和新的展望。

Cassina

在意大利家具设计的潮流中，Cassina 始终是一面旗帜，并形成了以米兰为中心的意大利家具设计和制造的高潮时代。如今 Cassina 的足迹遍布全世界，拥有多年历史，被誉为"现代家具之王"，是当今世界当之无愧的奢侈品顶级家具品牌。

CG

CG 由 Christopher Guy Harrison 所创立，是全球顶级奢侈品家居的代表和风格，是知性奢华生活方式的典范，独有的设计理念让 CG 成为众多好莱坞明星及知名设计师热力追捧的品牌和风格。超越文化界限的优雅、精致，和浪漫是品牌的风格特征。

Casamilano

意大利家居品牌 Casamilano 由 Anna Carlo 和 Elena Turati 携手创立于 1998 年，其品牌理念在于打造具备国际视野的家居项目。Casamilano 一直专注于生态保护，木质工艺是产品的基础，该品牌的每一件产品都经过足量的质量检测程序，来确保始终如一的质量标准。

Cattelan Italia

意大利家具 Cattslan Italia 品牌是由 Giorgio Cattelan 和他的夫人 SILVIA 于 1979 年在威尼斯共同创立。因其卓越的设计和不俗的做工在美国、欧洲和远东市场取得巨大成功。

CAP and WINNDEVON

CAP and WINNDEVON 是一家拥有世界最大库存艺术品的出版商之一，其产品有：开放版海报、限量版画、框架艺术礼品和艺术卡。其产品展示了 200 多位国际艺术家无与伦比的艺术作品。
从家居空间到办公空间、从传统到尖端，CAP and WINNDEVON 的产品可以满足各种风格的需求。

Cole&Son

英国 Cole&Son 品牌始创于 1873 年，采用沿袭至今的手工制作工艺，一直致力于生产高品位墙纸，近 140 年以来，与当代艺术大师、顶级设计师紧密合作，成就不同风格墙纸精品。

Carlo Moretti

Carlo Moretti 是著名的威尼斯姆兰诺玻璃品牌，由 Giovanni Moretti 创始于 1958 年。将姆兰诺玻璃岛上传承几百年的手工玻璃技艺与现代文化、极简设计风潮细致的糅合在一起，形成 Carlo Moretti 独有的风格。它代表了玻璃领域的一种新型存在：联合经营，与其他玻璃厂主紧密合作，并对其产品冠名。

D

DE GOURNAY

DE GOURNAY 最初的设计灵感来源于 18 世纪、19 世纪欧洲流行的中国画和西洋画墙纸设计，致力于重现原汁原味的历史，展现墙纸的典雅及经久之感；之后又得益于日本江户时代的当代画风，推出经典日韩系列墙纸。

F

FENDI CASA

始创于 1925 年的 FENDI，其推出的 FENDI CASA 是较早将奢侈品牌引入家居领域的品牌，已成功跻身世界顶级家具行列。自 1989 年， FENDI 在纽约第五大道精品店首次亮相 FENDI CASA 家居家饰系列，FENDI 奠定了自己在世界范围内引领家居时尚潮流的领导地位。

Fritz Hansen

丹麦家具 Fritz Hansen 品牌由远见卓识的同名同姓的细工木匠于 1872 年创立。从那时起，Fritz Hansen 就自然而然地成为丹麦和国际设计史中不可或缺的一部分。如今，它已成为一个卓尔不群的国际设计品牌。Fritz Hansen 的历史特色为惊人的工艺、独特的设计和丰富的内涵。

Flou

在床的设计制造领域中，Flou 公司一直占据了翘楚地位。Flou 在意大利已经有 50 多年的历史，自 1978 年开始，工厂聘请了著名的设计师 VicoMagistretti 设计了 Flou 的第一款床 Nathalie，从此 Flou 渐渐成为了一家专注于床具的公司，并且不断推陈出新，成为闻名欧洲乃至世界的经典顶级床具公司。

FOSCARINI

FOSCARINI 创立于 1981 年，创立初期品牌致力将传统口吹玻璃工艺运用于现代灯具设计，以精致的手工玻璃艺术表现灯具的造型及光影美感，奠定了该品牌高品质的稳定基础；意大利 FOSCARINI 灯具涵盖了多样化的素材及许多经典的现代灯具代表作品。

Flos

Flos 作为照明行业的第一个"摩登"公司，Flos 于 1962 年成立于意大利的梅拉诺市。该品牌许多设计于上世纪 60、70 年代的明星产品，被业界许多专家称为"贵族式风格"。经典的流线造型和简约高贵设计，使 Flos 品牌历经 40 多年的考验，直至今日仍是世界照明设计的引领者。

G

GIORGETTI

GIORGETTI 作为家居设计潮流风向标的意大利家具，也创造了一个又一个的经典奇迹。作为后现代实木家具的典范 GIORGETTI 品牌，就是跨界的经典代表。该品牌产品品质的上乘，在意大利生产制造，具有的独出心裁而不拘一格的原创设计。

Gallotti&Radice

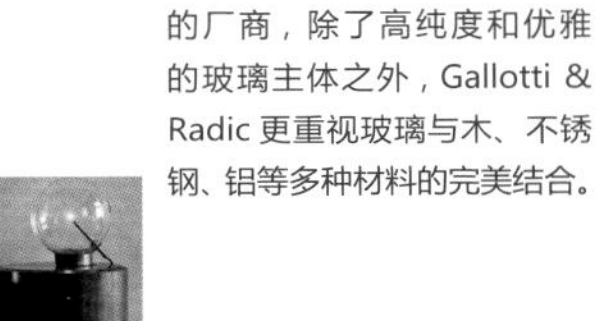

Gallotti & Radice 是意大利第一家实验与推广玻璃制家具的厂商，除了高纯度和优雅的玻璃主体之外，Gallotti & Radic 更重视玻璃与木、不锈钢、铝等多种材料的完美结合。

GARDECO

GARDECO 被认为是代表艺术家和工匠的艺术出版商或编辑。 这就是艺术的新思路与高端装饰相匹配的地方。GARDECO 成功故事值得人们关注，作为一名买家，您将会欣赏到这一点。 GARDECO 的目标是为广大公众带来价格合理的艺术品。

H

HC28

HC28 以东西合璧的风格和国际化的品质，创造出高端现代家具品牌，将中国优秀的手工艺传统与西方领先的现代设计相结合，完美地展现了圆润、简秀的新式浪漫，并在世界各地的新兴潮流城市展现出非凡的活力。

HOUSE OF
TAI PING
COMMERCIAL

HOUSE OF TAI PING

1956 年于香港创立以来，HOUSE OF TAI PING 已然从一家本土公司成长为国际型企业，其总部坐落于香港、纽约和巴黎，并在美国、欧洲、亚洲及中东的 15 个城市设有展厅。HOUSE OF TAI PING 久经历史沉淀，竭力保存传统的地毯制作工艺。

H&M HOME

H&M HOME 于 1947 年由 Erling Persson 在瑞典创立。如今，H&M 在全世界有 1500 多个专卖店销售服装、配饰与化妆品、家居用品。其中 H&M HOME 是 H&M 旗下新开发的时尚精品家居店，当前已经在成都、北京等城市开店。

I

Imperfettolab

Imperfetto Lab

Imperfettolab 是一个鲜为人知，但是非常有潜力的艺术家具品牌，它由意大利设计师 Verter Turroni 和 Emanuela Ravelli 创立。意大利家居用品品牌 Imperfettolab 设计和制造的产品是独具一格的，其突出的个性特征就像是它的名字所暗示的那样—没有十全十美，品牌的名称隐含着不完美特质。

ITALAMP

ITALAMP 是意大利灯具行业领导者，1975 年由 Matteo Vitadello 创建于意大利的帕都瓦，以 20 世纪新艺术风格的特点为基调，将产品重新诠释为优雅的化身。成功运用意大利著名的水晶和姆拉诺玻璃，作品天马行空且颠覆传统。

K

KOKET®
LOVE HAPPENS

KOKET

KOKET 是来自美国纽约的知名家具品牌，总是用创意来诠释经典，用华丽和不拘一格的家具来助你打造时尚、自然而又充满神秘色彩的唯美之家。KOKET 广告也是风格独特，无论是在装饰性还是实用性方面都做了最大化的放大效果。KOKET 由 Thru Koket 创立，关于品牌的起源有一个浪漫爱情故事。

L

ligne roset

Ligne Roset

Ligne Roset 写意空间是法国 Roset 公司旗下品牌，公司创立于 1860 年，从事家具制造行业达近 160 年，并在国际家具业取得了世界范围内的成功。Roset 家族自 1936 年推出其第一款现代风格的沙发后，便开始研发与制造现代家具，并正式创立了 Ligne Roset 品牌。

LASVIT

LASVIT 是世界顶级手工定制灯光艺术和特殊玻璃装置及各设计师系列玻璃灯具的设计和生产中心。Leon Jakimic 创建 LASVIT 的初衷是以手工玻璃为媒介用实验性和前卫的设计和制作工艺创作突破传统的灯光照明装置。"LASVIT"这个公司名称由捷克语的"láska"（爱）和"svit"（光）组成，名副其实。

LONGHI

LONGHI

LONGHI 于 1940 年在帕尔马创立，生产具有创意设计的高品质家具产品，在意大利家新古典具品牌中以华丽、优雅而闻名。LONGHI 的产品一共分为四个系列，分别是 LOVELUXE、IN&OUT、ALUMINIUM CHIC 和 COMPLEMENTI，产品涵盖整个家居空间全部家具。

LINCRUSTA

LINCRUSTA 自 1877 年开始生产，至今在世界各地仍然备受期待和推崇。LINCRUSTA 很早就明白了要创造一个持久的印象需要什么。公司在英国成立后不久，LINCRUSTA 墙纸的吸引力很快传遍全球。

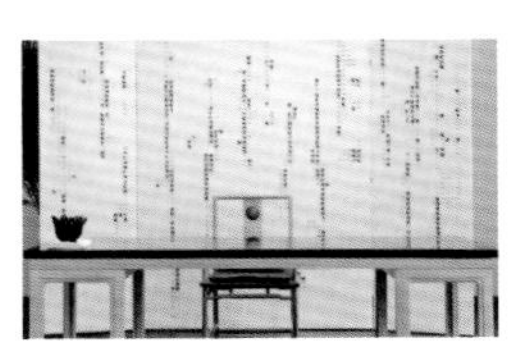

梁建国

梁建国是国际著名设计师、新中式风格的室内设计大师，亦是故宫中紫禁书院的设计者，他倡导艺术生活化，生活艺术化。国内著名墙纸企业特普丽旗下银河家墙纸与国际知名设计大师梁建国联手推出了国际中式"《梁》"系列墙纸。

伶居丽布

广州伶居丽布成立于 2002 年，是集研发、设计、生产、销售为一体的原创装饰床品布艺公司，拥有强大的产品设计开发实力，以"注重细节、追求品质"为经营理念，倡导全新的生活理念，传递完美的生活态度，感受细腻、精美的生活方式。

Leonardo

Glaskoch 家族企业成立于 1859 年，是当今欧洲的玻璃供应商之一，距今已有 150 多年的历史。时至今日，Oliver Kleine 夫妇已经是 Glaskoch 的第五代传人。Glaskoch 旗下的著名品牌 LEONARDO，建立于 1972 年，向人们传达了意大利人的生活品位，并在德国甚至欧洲市场中享有很高的声誉和市场占有率。

M

Minotti

Minotti

诞生于 1950 年的 Minotti 如今已走过 65 个年头，凭借出色设计及精良品质，Minotti 成为意大利主流设计风尚的代表之一。它注重家具的功能性、实用性以及产品系列的完整性。其中著名的沙发、扶手椅产品系列，造型考究，细节精致，展现出艺术品般的极简奢华，受到众多名流的青睐。

MAXALTO

MAXALTO

MAXALTO 是 20 世纪 70 年代诞生的 B&B Italia 旗下独立品牌。公司正式成立于 1975 年，以木制家具的一流制作工艺闻名于世。产品风格倾向于第二次世界大战时期的法国典型家具设计风格和形式，追求完美的比例划分、木制材料的细腻感触及对细节的把握。

品牌索引 | Brand Index

moooi

moooi

荷兰著名设计品牌 moooi 的名字，来自于荷兰语的“mooi”（意为美丽），多加了一个字母 o，意思是再多加一分美丽。最初创办 moooi 的目的，是为富有创造力的设计师们提供一个具有逻辑性思考的地点，因为工业设计的作品必须经过与制造商的细致沟通、技术协调与磨练，才能真正变成可生产的产品。

Molteni&C

Molteni&C

Molteni&C 于 20 世纪 30 年代晚期创立于米兰，一直坚持把握从原料采办到最后出产为成品的每个环节，因为木材的天然特点，从木材的选择到半成品的出产，从拆卸到上漆都坚持手工完成。Molteni&C 和很多国际出名的设计师、建筑师合作，如 jeannouvel、hanneswettstein 等，设计出很多家具史上的典型之作。

MUMOON

MUMOON 是由比利时工业设计师 Robin Delaere 于 2010 年创立的原创设计家居品牌，并与意大利 DOS 设计工作室、西班牙 KAISHI 设计工作室等国际工业设计师长期展开合作，在追求于精致的简约线条及少就是多的设计理念指导下，设计出各种北欧简约风格家居饰品与灯具系列作品 .

MANUTTI
Belgian outdoor furniture®

MANUTTI

MANUTTI 是专注于优雅的独家户外家具设计的制造商，其产品属于“比利时制造”的设计风格。MANUTTI 不仅专注于家具、桌子、配件的生产，还是模块化沙发领域的先驱。提供高级定制服务，过程中特别注意工艺、颜色搭配和精细的缝合。

massimo
copenhagen

massimo

massimo 由 Mads Frandsen 于 2001 年创立。massimo 地毯是丹麦高端进口地毯品牌，其产品主要有现代进口布艺地毯、欧式客厅时尚地毯、欧式简约时尚地毯、现代高端进口时尚地毯、高端进口时尚地毯、现代风格凹凸感客厅地毯、现代风格时尚客厅地毯、现代简约进口地毯等。

MISSONI HOME

MISSONI HOME

MISSONI HOME 项目背后隐藏着品牌提倡的生活选择和生活方式，这些项目多年来已经从布料转变为家具。这就像一个不断演变的建筑。罗西塔的创作理念是“家是活着的。它不断发展，永不完成。”她为 MISSONI HOME 品牌注入了色彩。

Moser
since 1857

Moser

Moser 是世界知名的奢侈酒具和餐桌配件及装饰用品生产商，于 1857 年由杰出的雕刻师和商人路德维希·莫泽（Ludwig Moser）创立于卡罗维发利（Karlovy Vary）。豪华的 Moser 水晶由于它的美丽和独特性，在国王的宫殿和政治家、政府的豪宅和政府办公场所中被使用了 150 多年。

MARIOLUCAGIUSTI
FIRENZE

MARIO LUCA GIUSTI

MARIO LUCA GIUSTI 出生在佛罗伦萨，生长在文化资源丰富的环境中，这一切激发着他对古老的热爱和对现代的痴迷。16 岁时，Giusti 到米兰，师从著名的设计师、意大利时尚推动者 Germana Marucelli 学习裁剪，通过这样的学习完善自己对美、对优雅的理解。完成学业回到家乡后，他将新的风格带入这家家族企业中。

N

NATUZZI
ITALIA

Natuzzi

NATUZZI 集团于 1959 年在意大利塔兰托创立，NATUZZI 产品包括沙发、扶手椅、配件产品，都在为顾客提供绝对放松的享受。几个沙发就可以合并为一张沙发床，为了达到极度的舒适，沙发都会有一些手动或电动的放松装置。在家庭内，NATUZZI 已成为一种日常生活用语。

ns

ns 品牌起源于盛产著名设计师的比利时，其创始人 frank.Ye 经常游走欧洲各国，被当地可包容的艺术氛围深深感染，在长期与当地设计师们的沟通交流之后创立了 ns 品牌， ns 品牌既有法国的浪漫、意式的慵懒、德国的严谨，也不失英伦风范。ns 致力于将这些多的生活方式带到人们面前。

O

OLUCE

OLUCE 于 1945 年 Giuseppe Ostuni 创立，经过时间的洗礼，该品牌已成功打造出一个产品系列，它就像产品本身一样，那么丰富，那么五彩斑斓。该系列涵盖的产品足以超越潮流，成为意大利设计的标志。如今仍活跃于市场上的历史悠久、经验丰富的意大利灯具设计公司 OLUCE，产品丰富、创意性十足。

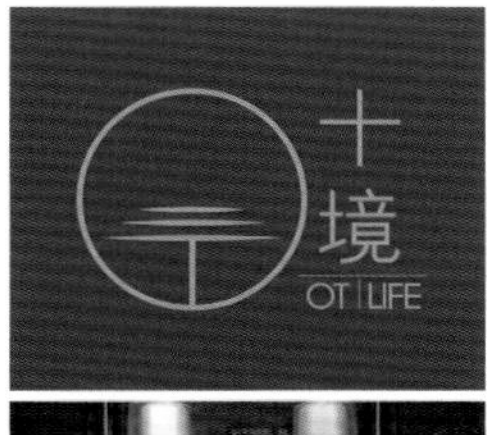

OTlife 十境

十境致力运用东方的哲学与智慧，营造一个完美的居家空间组合生活方式，以丰富、细腻的产品意蕴来满足了人们对于新奇、奢华与平常、朴素的多元需求，让人们发现日常生活之美，体验自然之乐。产品在满足功能性的同时也传递东方式的情感体验。

P

Poltrona Frau

1912 年诞生的 POLTRONA FRAU 从大师作品到最新系列，POLTRONA FRAU 携手国际顶尖家居设计师及世界级建筑大师，来诠释广受世界瞩目的现代意大利家居风格，见证了意大利卓越的设计风尚。

Poliform

1942 年创立的 SPINELLI & ANZANI 品牌于 1970 年正式更名为 Poliform，今天，Poliform 品牌是质量、豪华生活方式和卓越的代名词。Poliform 众多产品涵盖整个房屋的家具，如书架系统、橱柜、衣柜、沙发、床等。求和建议，将流行趋势展现于一个更高的层次。

PP Mobler

PP Møbler 成立于 1953 年，是一家丹麦细木作坊。以精致手工打造高质量的工艺设计家具作品著称。尊重木材，重视环保。取材及制程严谨，追求精湛质量；不以视觉、类型、风格、形式和材料为限制，鼓励创新，以成就赏心悦目且保证功能完善，做出艺术与实用兼具的家具作品。

PI Creative Art

PI CREATIVE ART 由 Esther Cohen-Bartfield 于 1976 年创立，名为"海报国际"。今天，公司已经扩大生产各种各样的艺术品，包括胶版印刷版和按需定制印刷品。作为许多提供的图像的独家版权持有者，PI CREATIVE ART 提供真正的定制和无尽的选择。

PROFLAX

PROFLAX 成立于 1864 年，卓越的设计由 PROFLAX 纯手工完成。作为德国品牌，PROFLAX 把"德国制造"理解为每针都适合。PROFLAX 的自豪之处在于 PROFLAX 每年开发两次全新的系列。在 2018 年春夏，它有九个迷人的主题，新品可以与 PROFLAX 的基本纯色完美协调。

R

Roberto cavalli

roberto cavalli 是由意大利顶尖设计师 Roberto Cavalli 创立的同名家居品牌。在 2012 年创立之初，品牌凭借奢华狂热的设计特色和坚持创新的品牌哲学惊艳世人，更因独树一帜的设计风格，早已成为全球家居界的至高标杆。

Restoration Hardware

RESTORATION HARDWARE 是一个美国品牌，家居行业中的翘楚，主要生产高端的"新复古"灯具、家具。产品具有强烈的肌理感及品牌调性。产品质量很高，同时还出产一些露天阳台及室内家具的装饰品。这是一个充满能量和创新的公司，团队能够时刻与最新的潮流保持一致。

品牌索引 | Brand Index

Rosenthal

卢臣泰 (Rosenthal) 品牌于1891年开始自行生产白瓷器皿，1910年，Rosenthal正式成立艺术部门，并从实用性的餐具设计延伸至具有收藏价值与装饰性的礼品设计。

S

SMANIA

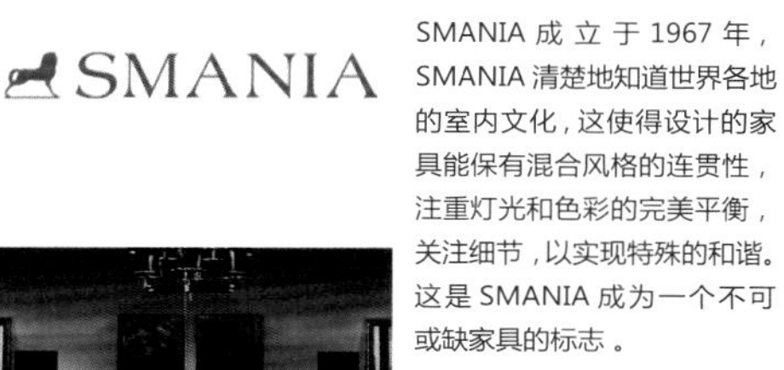

SMANIA成立于1967年，SMANIA清楚地知道世界各地的室内文化，这使得设计的家具能保有混合风格的连贯性，注重灯光和色彩的完美平衡，关注细节，以实现特殊的和谐。这是SMANIA成为一个不可或缺家具的标志。

SEEDDESIGN

SEEDDESIGN品牌创立于1991年。一位台湾青年凭借对灯光的想象与创作的热情，透过笔尖，将来自生活的灵感，化作以简约为性格、实用与恒久性为目的的灯光美学。SEEDDESIGN借由多种材质混搭及局部调整的巧思，为使用者的生活带来不一样的趣味，点亮一个家最真挚的幸福温度。

SERIP

SERIP从1961年起便开始了灯饰创作，经历三代，其产品不仅仅是照明工具，更是如同雕塑般精致的艺术品。也是在这一年，Mário J. Pires Lda开始使用玻璃和铜生产吊灯。

塞尚印象

深圳市塞尚印象家居装饰有限公司是一家专业生产各式装饰画装裱公司，公司成立于2012年11月1日，注册资本为50万元人民币。公司成立以来发展迅速，业务不断发展壮大，主要经营装饰设计、装饰画、相框、陶艺、布艺、灯饰、家居软装饰品的购销；国内贸易；货物及技术进出口。

生仁府

2002年12月5日，生仁府在一家知名英国室内奢侈手绘墙纸公司就职并担任部门主管一职，曾经和团队参与过香奈儿COCO小姐香水广告背景墙、胡润百富公司、雅诗兰黛专柜等知名案例的制作；2010年12月5日创立家旗润福手绘墙纸工作室；2013年4月成立苏州生仁府装饰材料有限公司，创立并注册生仁府品牌。

Sunbrella

Sunbrella(赛百纶)隶属于美国格伦雷文(Glen Raven)公司至今已有130多年历史，是100%原液着色纤维创始者，以Sunbrella品牌命名并享誉全球。2006年格伦雷文在中国设立亚太生产中心，目前在全球范围内拥有10个生产基地，40个销售公司，横跨六大洲，17个国家，为各行业提供定制化面料解决方案。

Sambonet

1938年，Sambonet成为全球第一家生产不锈钢餐具的公司，首创运用在不锈钢上的特殊镀银技术，一直被视为顶级餐具品牌，并于1947年利用相关技术生产不锈钢刀具。

SKULTUNA

SKULTUNA成立于1607年，由瑞典国王卡尔九世(King Karl IX)作为黄铜铸造厂下令建造。今天，SKULTUNA是世界上最古老的公司之一，它仍然是瑞典皇家法院的承办商。400多年来，SKULTUNA已经为日常生活和特殊场合制作了最高品质的物品。

T

TURRI

TURRI 擅长皮革制作和木质装饰手工制作。TURRI 的产品丰富，能满足各类客户需求。TURRI 还提供整体家居空间，吊顶、木质饰面、门、大理石等的个性定制。

Tom Dixon

来自于英国工业设计风格代表品牌的 Tom Dixon，追求设计的永续性，更多地融入了怀旧英伦风，以工业感为大基调，建立起一种后现代的设计。有着英式的硬朗和线条，将生活与前卫技术完美结合。

TVR
THIBAULT VAN RENNE

THIBAULT VAN RENNE

THIBAULT VAN RENNE 于 2006 年创立品牌，THIBAULT VAN RENNE 是一个专注于手工定制、打造奢华设计和高品质地毯的品牌。现代化而别致的外观代表着复兴的东方地毯设计，也代表着新型抽象概念的实验性生产。为

田钰艺术空间

田钰艺术空间是广州一家专业设计与生产综合材料画、油画、装饰画、工艺画、高级木质画框、各种镜框配套的现代化家居挂画企业。业务范围辐射到酒店、样板房设计、软装配饰等行业。

V

VERSACE

范思哲（VERSACE）以其鲜明的设计风格、独特的美感、极强的先锋艺术表征征服全球。范思哲家居品牌从传统希腊神话中永恒美丽的象征中汲取灵感。2015 年米兰家具展的作品中将其演绎为现代性和创造性的语言，完美诠释着意大利制造的独特风格。

Vitra

vitra 是一家瑞士公司，专注于通过设计来提升家居、办公室和公共场所的环境品质。vitra 的产品和概念诞生于一个严谨的设计过程，完美融合了卓越工艺和国际顶尖设计师的创新才华。研发既有实用性又有设计性的内部装潢、家具产品和饰品，一直都是 vitra 的终极目标。

Vittoria Frigerio

Vittoria Frigerio 是专业生产家具装饰用品的家族企业。该公司的产品富有创新的设计理念，采用精湛的生产工艺和精美的原材料。除此之外，Vittoria Frigerio 投入巨大的资源用于研发和测试更加持久耐用、抗压性更好、紧跟时尚潮流的原材料。

Visionnaire

Visionnaire 是意大利顶级的家居设计品牌，以华丽优雅的维多利亚式和新巴洛克风格为主，创立于 1959 年，历史悠久。其品牌最经典的标志为 V 字形 Logo 和设计中大量使用的椭圆形排列组合图案（如地板、栏杆、镜面上）。作品冷艳高雅，华丽但不显得繁冗。

VONDOM

VONDOM

西班牙高端休闲时尚家具品牌 VONDOM 由 Jose Albinana 创办于 2008 年，主要从事高端的户内外家具、时尚花器、灯光照明的设计、生产及销售。VONDOM 总部位于西班牙美丽的海边城市瓦仑西亚，产品已在世界各地的知名酒店、会所、商业空间及宅邸等场所完美呈现。

VISUAL COMFORT&CO

VISUAL COMFORT& CO 旗下拥有丰富的美国设计师资源。近 30 年来，VISUAL COMFORT& CO 凭借天然的材质，卓越的品质和独特的手工工艺成为富有影响力的灯饰设计品牌。VISUAL COMFORT& CO 成为全球前沿设计高标准的工艺和制作的典范平台。

VIRTUS

VIRTUS 于 1945 年由 Virtus 家族创立。之后由 Blanca Villuendas Virtus 女士开创了青铜设计世界，是顶级家居装饰品和工艺品行业中处于领先地位的西班牙公司，采用古式沙模浇铸工艺。最主要的原材料是品质优良的青铜，青铜经过沙模浇铸和手工装配之后，可以达到最顶级的手工抛光和定型效果。

WWTORRES DESIGN

WWTORRES DESIGN 是一家由墨西哥女企业家 Wendy Caporalli 创立的地毯和家居用品设计公司。公司结合高品质家居装饰潮流，突出实用性和设计感。相信天然纤维和精湛的技艺会帮助他们制作出高品质的地毯、蒲团等产品。

Wild Apple

1989 年秋天，约翰和劳里搬到了佛蒙特州的伍德斯托克，他们的目标是创建属于自己的企业，在工作的过程中，他们逐渐地爱上了艺术出版行业，并萌生了制作美丽的艺术的想法。多年来，WILD APPLE 看到了艺术出版行业的前景，并从小型工厂发展成为全球性的企业。

Wall & decò

意大利 Wall & decò 公司，它彻底改变了这个行业。多年来，Wall & decò 产品系列不断扩展，增加了两个创新的系统，具有高度的视觉冲击力和巨大的技术价值：用于外墙的 OUT 系统和墙壁的 WET 覆盖系统，用于潮湿空间的墙壁覆盖系统，如浴室和淋浴室。

WATERFORD

拥有 228 年悠久历史的 WATERFORD 品牌于 1783 年由宾洛兹 (Penrose) 家族创立，WATERFORD 品牌名称是以 9 世纪在爱尔兰所建立的爱尔兰古城 WATERFORD 所命名。

稀奇艺术

由中国两位著名雕塑家向京和瞿广慈于 2010 年创立的艺术品牌——稀奇艺术（X+Q Art），以商业的方式推广当代艺术，备受瞩目。内容涉及雕塑、配饰、设计产品等多个产品领域，其品牌理念已获得海内外的认可。稀奇的合作者中不乏精品酒店、时尚买手店、著名博物馆商店等各高端场所。

Y

优立地毯

优立地毯（U-LIVING）品牌，将地毯视为家居行业的时尚艺术品，是性价比较高的时尚品牌。拥有坚持独立意识的设计采购部，从产品采购开始，报纸、杂志、旅行、街头时尚和多米兰巴黎、科隆、法兰克福等时尚家具展，都是他们捕捉时尚的重要资源。从主流家居行业的地毯流行趋势获得灵感。

异见

异见由两位毕业于中国美术学院的优秀毕业生创立，专注于消费艺术品领域。是一家专业从事室内家具装饰类产品研发和销售的企业，产品主要出口欧洲、大洋洲、北美等地区。

颐和墙纸

颐和墙纸于 2001 年创立，是集研发、设计、生产、销售为一体的综合型墙纸企业。15 年来公司稳步发展，并与保利地产、万科置业、世贸集团、广州富力集团、华润集团、大连万达集团等各大房产公司合作，为其开辟专业工程市场，并成为这些企业的年度战略合作单位。

Z

zuny

传承母公司四十余年之皮革手缝工艺，Zuny 于 2007 年诞生。以崭新的设计思维赋予传统工艺新的生命，期许能记住根本，并在追求简约之美的旅程中走得更远、更精彩。

TOP100厂家品牌旗舰店

微信扫一扫，关注公众号

为设计师严选的产品库

该公众号是我们考虑到广大设计师在实际工作中的需求而开发的随书公众号，最新内容都会在该公众号上及时同步更新。公众号同时收录众多国内外优秀软装品牌及案例，方便设计师查阅咨询及关注，欢迎广大设计师朋友提意见，以便帮助我们改进，为大家提供更好的服务。

好书推荐

设计师的材料清单 室内篇 建筑篇

国内首个互联网材料知识媒体

室内设计节点手册

室内行业第一本节点手册

室内设计师的自我修炼：酒店固定家具

全面解析超五星酒店
标间设计要求

BIM制图 酒店样板房

探索BIM在室内设计中
运行的可能性